JN059167

McKinsey & Company

マッキンゼーが読み解く
食と農の未来

REIMAGINING AGRICULTURE ～A Perspective by McKinsey

アンドレ・アンドニアン｜川西剛史｜山田唯人
著

日本経済新聞出版

序に代えて

世界の農業が大きく変わりつつあります。しかしながら、日本国内の農業に関する論調の多くは、国内の農業組織への批判や、既存の農業のやり方、国内企業への批評といった「内向きの議論」に費やされているように見えます。本書は、そうした内向きの枠を飛び越えて、日本農業をマッキンゼーならではの二つの視点から捉え、そこから進むべき将来像および今後期待されるビジネス領域について展望したものです

二つの視点とは、マッキンゼーがこれまで世界的規模で多数の農業・食料ビジネスに携わってきたことから得られた「グローバルの視点」と、製造業、金融業（銀行・保険）、小売業等の幅広い業界でコンサルティングに携わってきた経験にもとづく「他業界の視点」です。

まず「グローバルの視点」の例として、近年議論が活発になっているサステナビリティを取り上げましょう。

パリ協定のＩＰＣＣ（Intergovernmental Panel on Climate Change：気候変動に関する政府間パネル）によると、海面上昇等の長期的なリスクを低減するためには、気温上昇を一・五℃にとどめることが重要と提言されています。農業分野においてこの気温上昇基

図表1 温室効果ガスの排出を低減するためのアプローチ

【概要】

①生産側で温室効果ガスの排出を抑制する	**生産量を維持しつつ、温室効果ガスの排出を抑制する手法** ● 稲作：乾田直播栽培、一時湛水、施肥の改良 ● 作物栽培：窒素肥料の過剰施与の抑制、施肥タイミングの改良、Variable rate fertilization（土壌成分に合わせた施肥の最適化）、耕起および灌水の最適化、農業機械の燃費向上 ● 畜産・水産業：家畜育種、健康管理の向上、飼料配合の最適化、可食部の利用率向上、嫌気性処理、漁船の燃費向上
②需要側の変化	**食料生産の需要を変化させるための手法** ● 生産側および消費側におけるフードロスの低減 ● 肉の消費量の低減
③農地の用途変更（LULUCF[1]）	**自然環境を活用した炭素隔離（Sequestration）の手法** ● 植林、森林再生 ● 海岸・泥炭地復元
④新技術の開発 	**新技術の開発による温室効果ガスの抑制手法** ● 遺伝子編集による植物の炭素蓄積量の向上 ● C_4米による栽培期間のメタン排出量の低減

注：1）Land Use, Land-Use Change and Forestry
出所：マッキンゼー・グローバル・インスティテュート（独自の調査活動を行うシンクタンク）

準を満たすためには、図表1に挙げるように、いくつかアプローチがあります。

大きく分けると、①生産者側の温室効果ガス排出抑制、②需要側の変化（フードロス低減など）、③農地の用途変更（LULUCF：Land Use, Land-Use Change and Forestry と呼ばれます）、④新技術の開発の四つです。

①生産者側で温室効果ガス排出を抑制する手法としては、乾田直播栽培や施肥量およびタイミングの改善、農業機械の燃費改善等、②需要側ではフードロスの低減や牛肉から鶏・豚および代替品タンパク質へのシフト、③農地の用途

図表2　農業において排出量の目標を達成するための10の打ち手

	打ち手	2050年における温室効果ガスの排出量および低減ポテンシャル 単位：ギガトン（Gt CO_2相当）；20-year GWP		
	何も対策を講じなかった場合の温室効果ガスの総量	23.4		
①生産側で温室効果ガスの排出を抑制する	稲作における改善	1.2	ありとあらゆる先端技術を取り入れても**生産側の変化だけでは目標に届かない**	22% 低減量全体に占める割合
	肥料および灌漑の効率化	0.5		
	畜産・水産業における改善	2.4		
	農業機械の燃費向上	0.5		
②需要側の変化	生産側におけるフードロスの低減	0.2	フードロスを現在の**半分まで低減。**さらに、**牛肉消費の半分を**その他のタンパク質にシフトした場合	41%
	飲食店等におけるフードロスの低減	1.2		
	牛肉から鶏豚および代替品へのシフト	7.1		
③農地の用途変更	植林、森林再生	5.2		36%
	自然における二酸化炭素吸収源の活用	2.3		
④新技術の開発	新技術の開発	未定		
	1.5℃シナリオに対応した排出量	5.0		

注：丸数字は図表１の①②③④に対応
出所：マッキンゼー・グローバル・インスティテュート

変更では植林や森林再生、④新技術においてはゲノム編集による植物体への炭素蓄積量の向上といった打ち手が挙げられます。

ここで興味深いのは、ＩＰＣＣの一・五℃シナリオ（気候変動による地球の温暖化を一・五℃未満に留める）を実現するためには、生産側のみならず、②に挙げられている、動物性タンパク質の少ない食生活への切り替えなどと需要側の努力も大いに必要となることです。①については、現在考えられる、ありとあらゆる先端技術を考慮し、温室効果ガスの抑制に効果のある手法を入れています。それでも目標には届きません。さらに②についてもかなり大がかりなことを言っています。生産地（畑）から流通に回るまでのフードロスおよび飲食店におけるフードロス（食べられずに捨てられてしまう食料）の半減（50%）、加えて、牛肉から鶏・豚および大豆タンパク質等への切り替えを半分（50%）行う。我々の目指すサステナブルな世界は、こういった生産側・消費側の大きな努力を必要とします。

日本にいると気づきにくいのですが、米国や欧州におけるサステナビリティの議論の高まりや昨今の Meat 2.0 の高まりや、ビーフパティを大豆等に由来するプロテインで置き換えたインポッシブルバーガーへの議論が起こっていることも、その流れのなかでのことと言えます（第I部第4章で詳述）。

さらに、これらの施策を進めるコストを見てみると（図表3）、①の生産者側で実現可能な施策のなかには、まだまだコスト高なものがあることがわかります（横軸に各打ち手の温室効果ガス低減ポテンシャル、縦軸に各打ち手のコストを表している）。

左から右に各施策のコストを並べてみると、グラフの右側に現れる点滴灌漑（drip irrigation：地面にチューブから少しずつ水や養液を点滴し、水や肥料の使用量を最小限にする方法）へのシフトや肥料の改良、家畜飼料の最適化といった施策はまだまだコスト高であり、実現には今後のブレイクスルーが待たれます。

そのため、この①の生産者側の取り組みだけでなく、②需要側の変化、③農地の用途変

図表3 温室効果ガスの排出低減のための打ち手と必要なコストの全体像

横軸は各打ち手の温室効果ガス低減ポテンシャルを、
縦軸は各打ち手のコスト（CO_2 1トン当たりのUSドル）を表す

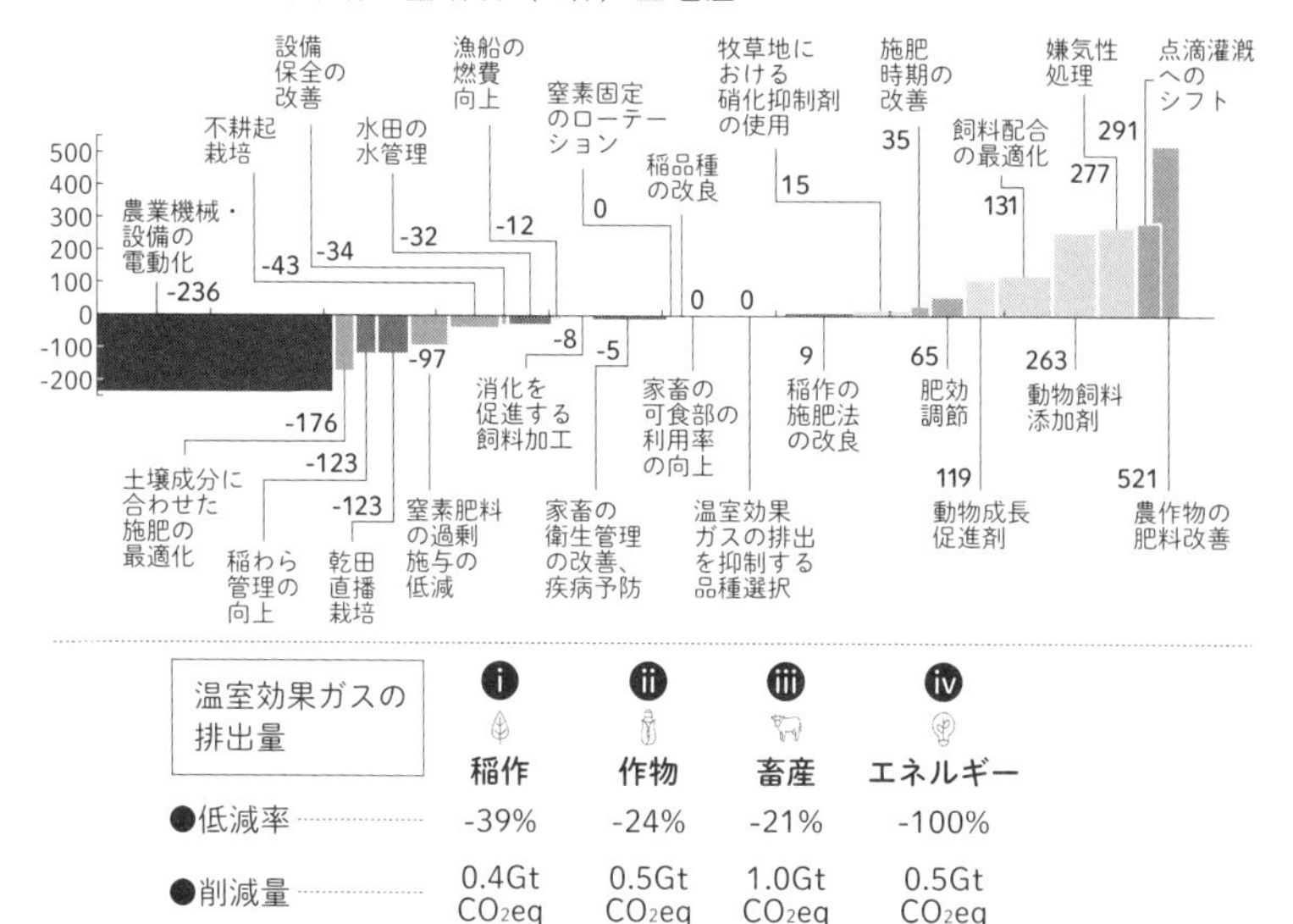

出所：マッキンゼー・グローバル・インスティテュート

更、④新技術の開発といった部分にも注力し、気候変動の目標を達成する取り組みを進めていく必要があるのです。今、海外では、こういった農業セクターにおける温室効果ガスの排出についておおいに議論や投資が進んでいます。

グローバルの視点から、食と農に真剣に取り組まなければならない理由はこれだけではありません。

それは農業が、ビジ

ネスという考え方のみならず、世界がサステナブルに生きていくための「必要条件」だからです。

いまだに、農業を生産者だけのなりわい（生業）と誤解している人たちがいます。しかしながら、これは生産者だけの問題ではなく、その農作物を食べる、全世界のすべての人間の問題となっているのです。

例えば、世界的に見て、農業への気候リスクは、すでにさまざまな形で顕在化しています。二〇一九年の米国アイオワ州における穀物エレベーター（共同利用施設）の洪水被害が典型例です。被害総額は一七億～三四億円と推定されています。また、二〇一八年に起きたアルゼンチンのトウモロコシ畑の干ばつにより六〇〇億円以上の被害が発生しています。

グローバルベースで見ると、農作物の生産地域が集中し、特定の穀物への依存が進むなか、フードシステムのショックに対する脆弱性は高まっています。世界の穀倉地帯における同時不作（具体的には、世界における四大穀物〈コメ、麦、トウモロコシ、大豆〉の生産地帯における、二カ所以上の同時不作を意味する）のリスクも上昇しています。

気温の上昇、降雨パターンの変化、干ばつ、熱波、洪水等の自然災害のいずれも、農作物の生産量に大きな影響を及ぼします。こうした気候変動の結果、世界の穀倉地帯における同時不作の発生確率は、今後、さらに高まることが見込まれます。

さらに、こうした自然災害の発生確率や深刻度もまた、今後高まることが予想されます。今後一〇年以内に一〇%の生産量減少が六九%の確率で発生する（つまり、ほぼ二年に一回は発生するという高い確率）と見込まれています。

一〇%の生産量減少では、世界における穀物ストックが一年以内に底をつく確率も低いでしょう。しかしながら、過去においては、生産量の減少が、食品価格の高騰の引き金となった例もあるため、予断は許されません。このことから最も大きな打撃を受けるのは、国際貧困ライン（一日一・九ドル）を下回る所得で生活する七億六九〇〇万人の人々です。一部の研究者によると、穀物価格が一〇〇%増加すると、短期的に世界の貧困層が一三%増加すると見込まれます。

もちろん日本国内においても、食料供給は常に保障されたものではなく、前記の気候変動の例を見ても、決して他人事ではないのです。今こそ、改めて農業をグローバルの視点から捉えるべきです。ここに本書の意義があると考えています。

もう一つ、「グローバルの視点」から農業・食料ビジネスを捉えるべきという例を示しましょう。我々が本書を執筆している二〇二〇年八月現在、新型コロナウイルス感染症（COVID－19）による世界的なパンデミックが起こり、収束の見込みが立っていません。

図表4 **農業がCOVID-19（新型コロナウイルス感染症）から受ける影響は一部の品目に集中しているが、今後もリスクや不確実性が広がる可能性はある**

農業の特徴	農業プレイヤーに関わるリスク
● 景気サイクルや経済問題に関係なく、農作物の需要は安定的に推移している ● 一部の品目（フードサービス、レストラン向け食材、高価な野菜、果物、花卉、水産物、畜産物等） ● 農業は「基幹産業」として公的な支援を受けている ● 現在のところ、農作物の収量はCOVID-19感染拡大前と大きな変化なく推移している	● 購買行動が長期的に変化する可能性がある。石油市場において、バイオ燃料は大きな逆風にさらされている ● 農業の人手不足に陥る可能性がある ● サプライチェーンのインフラにおいてCOVID-19の影響が出始めている ● 貿易制限措置が日々、変化 ● COVID-19は世界全体の市場やサプライチェーンに深刻な影響を及ぼしているため、これまでの危機と異なるかたちで穀物価格が影響を受ける可能性がある

出所：マッキンゼー

ＣＯＶＩＤ－19の感染拡大後も、農作物の需要は安定的であるため、一般に農業は影響を受けにくいと考えられがちです。被害は、一部の品目（フードサービス、レストラン向け食材、高価な野菜、果物、花卉、水産物、畜産物等）に集中しています。

しかしながら、長期的に見ると、消費者の購買行動が変わったり、石油価格の低下がトウモロコシの市況（バイオエタノール）に影響を与えたり、肥料等の農業資材や農作物が運べなかったり（サプライチェーンの影響）と、今後のリスクや不確実性は高いと言えます（図表4）。

農業バリューチェーンで見た場合には、人手不足やサプライチェーンの途絶は、生産、流通等の広い領域において影響を及ぼ

図表5　バリューチェーンの各プレイヤーは、今後3〜12ヵ月間でさまざまなリスクに直面する

【2020年3月30日時点】　　COVID-19によるリスク　小　中　大

		短期需要	長期需要	供給・サプライチェーン	主なリスク
資材調達	肥料	小	中	大	●人手不足 ●原料の入手可能性と価格の変動 ●サプライチェーンの鉄道輸送に対する依存度
資材調達	種子・作物保護	小	中	中	●人手不足 ●原料の入手可能性と価格の変動 ●貿易制限措置（主に中国）
資材調達	動物衛生	中	中	大	●飼料需要量の変化 ●労働力供給・サプライチェーンの途絶
資材調達	農業機械	小	中	大	●人手不足、工場閉鎖 ●シーズン中のコアパーツの生産・供給停止
流通	流通業者	小	中	大	●サプライチェーン途絶 ●eコマースへの移行 ●農家の利ざやの縮小
生産	農業生産者	中	中	大	●労働供給の途絶、不足 ●投入物供給の信頼性 ●コモディティ価格
取引・一次加工	商品取引業者	小	中	大	●貿易の崩壊 ●サプライチェーンのボトルネック/在庫管理
取引・一次加工	一次加工業者	小	中	大	●工場閉鎖の長期化 ●ローカルサプライチェーン構築の必要性 ●需要の長期的な変化
二次加工	バイオ燃料	中	大	中	●石油の需給ショックに伴う価格変動
二次加工	その他二次加工業者	小	中	中	●施設・食品衛生管理に対するプレッシャー ●貯蔵容量、サプライチェーンの限界 ●世界の貿易の変化

出所：マッキンゼー

します（図表5）。例えば、肥料の調達や、農業機械の部品調達において、物流機能が低下すれば農作物が作れなくなったり、収穫できなくなったりするため、生産量の低下に影響するというリスクがあります。現在のところ、日本の稲作に目を向けると、二〇二〇年五月時点で、田植えの進捗に大きな遅れはなく、ほぼ平年なみのスピードで進んだと言われています（「日本農業新聞」五月二六日付）。今後、心配なのが収穫時期（今秋）とコロナ第二波が重ならないかということです。もし、重なると、稲刈りの人手だけでなく、農業機械の部品や修理がタイムリーに供給されないことによる、効率性の低下が懸念されます。

グローバルで農作物のカテゴリーごとに見て需要側への影響が大きいのが、トウモロコシや乳製品等です（図表6）。前者は石油価格に左右されたり、後者は需要予測がより困難になったりします（家での食事が増加することに伴い、どのような商品が、同じ商品でもどのような価格帯が、どのチャネルで必要になるかが変化）。高付加価値野菜や果物、花卉、牛肉、水産物で被害が大きくなっているのは主にフードサービス（レストラン等）で消費され、今回コロナ問題をうけて、フードサービスが営業を休止したためです。

これらの現象は、農業をより広い、グローバルの視線で捉える必要性を示す、ほんの一例にすぎません。その他にも世界の農業ではさまざまなアプローチが試みられています。

このようなグローバル視点での議論を踏まえて、日本農業の進むべき道を見つめ直すこ

図表6 農作物のカテゴリーごとにリスクも異なる

【2020年3月30日時点】　　COVID-19によるリスク　小 ▒中 ■大

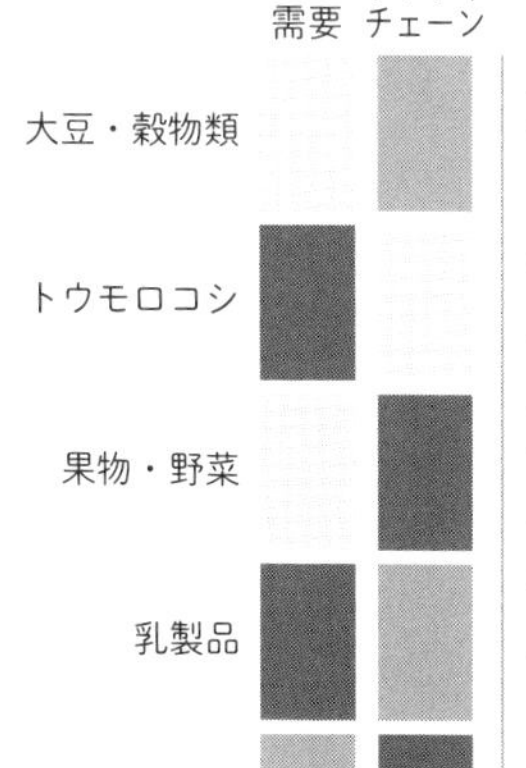

	需要	供給・サプライチェーン	主なリスク
大豆・穀物類	小	中	● 中国における大豆需要（貿易）の拡大 ● その他の穀物（小麦等）の備蓄量拡大（カザフスタン、ベトナム等）
トウモロコシ	大	小	● 石油価格の下落に伴い、エタノールの需要や価格が低下 ● 不況時のタンパク質の需要の不確実性
果物・野菜	小	大	● 人手不足（特に移民労働者）による収穫量の低下 ● 品質保持期限が短いことから、ボトルネックが生じた場合、供給リスクが増加 ● 外食率が下がり、短期的に需要が低下することで価格も下落
乳製品	大	中	● 過剰供給（COVID-19の影響はしばらく続き、価格は抑制される） ● 消費者主導の需要予測が困難（外食から内食へのシフト、食糧支援政策の不確実性）
牛肉・豚肉	中	大	● 低価格な代替品への需要シフト ● フードサービスチャネル離れ
鶏肉	小	大	● COVID-19の経済的影響に伴う低価格な代替品（鶏肉等）への需要シフトによる需要の増加

出所：マッキンゼー

とが重要と考え、日本農業の持つ課題とその解決策を本書で提示していこうと思います。

本書は、まず序章で、グローバルおよび他業界の視点から農業についての八つのトレンドを概観し、第Ⅰ部の第1〜8章でそれぞれを詳しく見ていきます。

その後、第Ⅱ部の第9章では短期的な農業生産性の向上に必要な発想を示し、続く第10章で、長期的な農業の課題を見据えた、将来のあるべき理想像を提示します。そして、理想と現状のギャップを埋めるということから生まれるビジネスの機会についても論じます。

この論は、農業関係者はもとより、製造業・金融業・メディアといった、従来、農業と縁遠かった業界の方々にとっても示唆に富むものと自負しています。


ここで本書の要諦をなす、第Ⅱ部第10章に提示する結論を先に述べてしまいましょう。

我々は、日本農業が将来抱える長期的な課題を予見した上で、それらの課題を乗り越え、さらなる発展を遂げるためには、「新たな農業バリューチェーンの構築」こそ理想の姿であると考えます。

この理想にたどり着くためには、冒頭で述べた「内向きの議論」をいったん置いて、現在の日本農業のバリューチェーンを、その周辺業種も含めて、俯瞰的に見る必要があります。ここで重要となるのが「他業界の視点」です。農業の「常識」にとらわれない大胆な発想でバリューチェーンを構築することが必要なのです。

具体的に言えば、生産、加工、物流、販売といった農業バリューチェーンを形成する企業は、現状ではそれぞれのステップごとに別業種で、各ステップの間には「業界の壁」が存在しています。この壁が将来的には、多様化する消費者ニーズへの対応や、それぞれのステップにおける課題解決・成長のネックになっていくと考えられます。

さらには、そもそも第一次産業である農業は、金融業や保険業、製造業、テレコムといった、第二次・第三次産業とは縁遠い業界といった感が否めませんでしたが、農業ビジネスの将来は大きく広がっているという現実があります。

農業ビジネスの未来を切り開き、理想像に近づけるためにも、この「業界の壁」を取り払う必要があります。そしてバリューチェーン上のプレイヤーと、バリューチェーン外にいたプレイヤーたちを有機的に協働させることが重要となります。これがコネクテッドされた食料供給システムなのです。

もう一つ重要な役目を果たすものがあります。協働を最適化するために必要な、バリューチェーンの各プレイヤーに指示を与える「オーケストレーター」(指揮者)です。

こうして整えられた新たなフード・バリューチェーンにおける、オーケストレーターの役割を担うのは、必ずしも農業従事者である必要はありません。農業以外の製造業、金融・保険、メディア、物流といった他の業種からの適任者を得て、新たな農業ビジネスの展開も可能になると考えます。

我々の提案によって、これまで農業への興味・関心がなかった多くのビジネスパーソン、および消費者の方々の間で議論が沸き上がり、日本農業のさらなる発展につながれば幸いです。

本書は、パートナーの山田唯人、アソシエイト・パートナーの川西剛史が代表となって執筆を進めました。多忙な業務のなか、情報収集や執筆をしてくれたグローバル各支社の同僚コンサルタントの皆さん、また取りまとめてくれた広報・コミュニケーションチームに深く感謝します。

二〇二〇年八月

マッキンゼー日本支社長　アンドレ・アンドニアン

マッキンゼーが読み解く食と農の未来　目次

第3章　政策・規制の変化が農業に及ぼす影響

第4章 食習慣・食生活の変化——117

第Ⅱ部　日本の食と農の未来

序章　日本農業を取り巻く環境変化を読み解く

まず、グローバルに見た日本農業の位置づけについて、概観しましょう。ここで大まかな世界の流れを押さえ、続く第I部で個々の要素についてさらに詳しく見ていくことにします。

なお、農業の全体像を俯瞰し、日本農業の位置づけを理解するために、外部環境として①マクロエコノミクスの変化、②技術革新、③政策・規制の変化、④食習慣・ソーシャルファクターの影響の四つを配置し、それが影響を与える因子として⑤上流プレイヤーの変化、⑥消費者ニーズの変化、⑦代替品・代替手法の登場、⑧新規参入プレイヤーを導き出し、その結果としての日本農業の意味を考えていきます。

これは、我々マッキンゼーが事業の構成や方向性、将来像など、ビジネス分野での整理に使うForces at Workというフレームワークです（図表 序－1）。

では、各項目を見ていきましょう（図表 序－2）。

図表序-1　2025年までに起こり得る日本農業を取り巻く変化

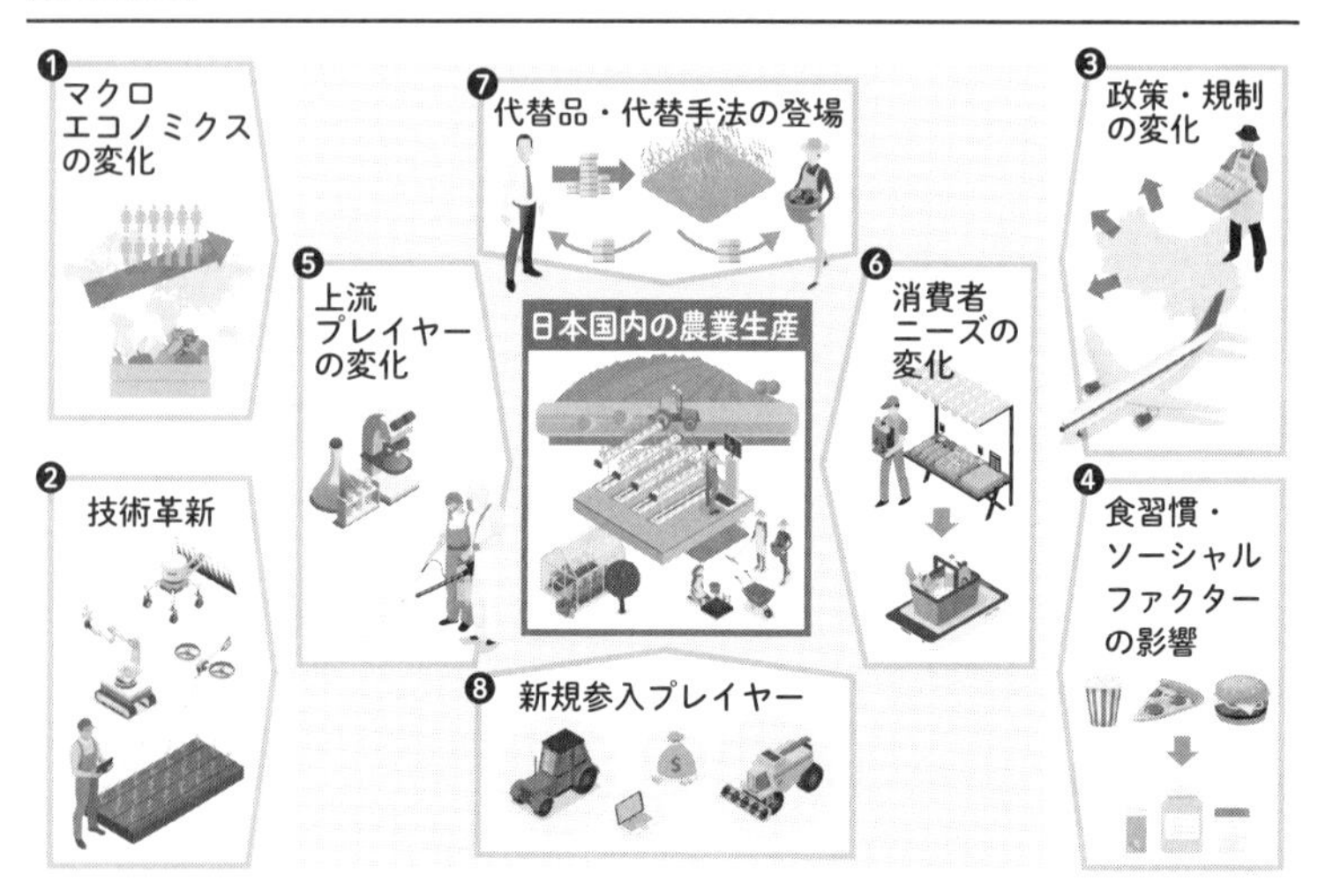

出所：マッキンゼー

①マクロエコノミクスの変化

マクロエコノミクスを見ると、いくつかの大きなトレンドが農業に影響を与えます。それは、世界の農業全体に影響を及ぼす要因で、すなわち世界的な人口の増加とそれに伴う中間所得層の拡大、さらには輸出入の構造変化、そして温暖化や水資源の枯渇など栽培環境の変化です。人口や所得の変化という大きなトレンドは、日本の動き方によりコントロールできるものではありません。しかしながら、各国の人口増加がどれほど食料供給のリスクに結びつくか、輸出入や環境の変化によって日本の食料供給は不安定化しないかといった、グローバルおよび日本が置かれている状況を知っておくことは、

図表序-2 2025年までに起こり得る日本農業を取り巻く変化の詳細

❶ マクロエコノミクスの変化

- 1a 人口増加および中間所得層の拡大により、農作物の需要が1.5倍増
- 1b 小麦・大豆等の主要作物でも、輸出入のダイナミクスが大きく変化
- 1c 栽培環境の変化も懸念される
  - 水資源の枯渇
  - 農地の不足

❷ 技術革新

- 2a 農業のやり方・未来の生産者の仕事内容を抜本的に変えるような技術革新が誕生
  - AIによる栽培計画、栽培の最適レシピ
  - ドローンによる圃場モニタリング
  - トラクター等の自動運転等
- 2b CRISPRによるゲノム編集技術の登場
- 2c バイオ農薬でのブレイクスルーへの期待感

❼ 代替品・代替手法の登場

- 7a 土壌を用いない低コスト・高品質農法の台頭（例：フィルム農法）
- 7b 生産者の必要な資金を集め、リターンを出資者と生産者に分配する形のクラウドファンディング
- 7c Urban farming、垂直型農園

❺ 上流プレイヤーの変化

- 5a 国際競争力ある安価な肥料・農薬等を国内ですぐに供給するのは難しい見立て
  - 農薬・種子：メジャーの統合
  - 肥料：原材料は海外メジャーが占有
- 5b ジェネリック農薬の新制度への期待
- 5c 農地および労働力確保に向けた取り組み

日本国内の農業生産

❾栽培計画、土地・労働力確保、資材調達、栽培管理、物流・販売において、効率を高められる可能性、農業分野でのテクノロジー（Agtech）においても玉石混淆の状態から、ROIを評価し、生産性向上に寄与するものを整理していく

❿食と農のバリューチェーンをつなげて見た時の提供価値、ビジネス領域が存在（オーケストレーターの重要性）

❻ 消費者ニーズの変化

- 6a 日本国内では、米需要の低下等
- 6b 日本農産物の輸出先の香港、台湾等におけるニーズ
- 6c オーガニック等のプレミアム品、体験への需要
- 6d 農作物の販売チャネルとしてのeコマースの台頭

❽ 新規参入プレイヤー

- 8a 機械メーカー、ハードウエアメーカー等が農業に参入
- 8b 物流業者が切り開く、新たなコールドチェーン
- 8c さらに、アグテック企業と、それを取り巻くインベスターも出現

❸ 政策・規制の変化

- 3a 農業大国の政策変換（例：中国では保護政策を緩和してトウモロコシの輸入を本格化）
- 3b 米中間の貿易戦争による農業への影響
- 3c サステナビリティに向け、パリ協定によって定められた1.5℃シナリオを実現するために、生産者・消費者に求められること

❹ 食習慣・ソーシャルファクターの影響

- 4a より健康的な商品に対する需要が急増
- 4b 肥満が最大の社会の敵となる肉消費の変化と代替タンパク質の登場
- 4c フードロスへの意識の高まり

出所：マッキンゼー

議論の出発点として重要です。

②技術革新

世界の農業を変える技術革新においては、三つのトピックを取り上げます。一つ目はドローンやビッグデータといったデジタルの活用、二つ目がゲノム編集技術、そして三つ目がバイオ製剤、生物農薬です。いずれも農業の未来に大きなインパクトを与えると考えられます。

世界では、従来の延長線上の技術改善にとどまらない、農業のあり方・未来の生産者の仕事内容を抜本的に変えるような技術革新が生まれ、実用化されてきています。第2章ではその内容を紹介します。

③政策・規制の変化

各国の政策転換や二国間での貿易摩擦等も、輸出入を伴う世界の農業に大きな影響を及ぼします。これらは、日本の農業戦略を考える上でも放置できない問題です。第3章で詳しく述べるように、農産物の平坦なコストカーブの下では、補助金や関税の動きが市場の構造を大きく変え、それによって各国のポジションも入れ替わる可能性が大なのです。

同時に、ゲノム編集作物への規制や、グローバルで議論になっているサステナビリティ（持続可能性）への取り組みについても確認します。

④食習慣・ソーシャルファクターの影響

世界的に食習慣の変化が起きています。発展途上国においても、経済力の向上とともに欧米並みに肉の消費傾向が上がってきました。それと同時に、健康的な食品に対する需要も高まり、牛肉よりは鶏肉、そしてもう少し進んで大豆等の植物性タンパク質を多く摂取するといった傾向が強くなりました。「Meat 2.0」という植物由来のタンパク質が市民権を得るようになったのは、特徴的です。

第4章では、世界中で社会問題化しているフードロスについても確認します。

⑤上流プレイヤーの変化

第5章では、日本農業の上流に当たる肥料、農薬等の化学企業（プレイヤー）について、グローバルに見ていきます。世界ではダウとデュポン、バイエルとモンサントといった大手上位プレイヤーが、二〇一八年前後の大型M&Aによって次々に統合して巨大企業になりました。体力がさらに強化されたグローバル企業を相手に、日本の企業はいかに立ち向かうかが大きなテーマです。

世界の潮流になっているジェネリック薬品についても、この章で見ていきます。

⑥消費者ニーズの変化

日本の農作物に対する需要は、国内はもとより海外にもあります。しかし、国内ではコメ離れが進み消費量が低下するなど変化が表れています。日本のみならず世界を見ても、消費者のニーズに変化が見られるようになりました。

例えば、食べる物よりも「食べる体験」への注目が進んでいることなどは、今後の農業を考える上で重要視されるべき変化と言えます。チョコレートを例に取れば、味だけでなく、どこでカカオ豆が採取され、どのような歴史で販売されているか、といった"Bean to Bar"のストーリーを〝味わう〟ようになってきています。

こうした消費者の嗜好の変化について、第6章で詳しく見ます。

⑦代替品・代替手法の登場

前述の「技術革新」以外にも、栽培に土を使わない技術や、農業の運転資金の新たな調達方法、コンテナ栽培といった、従来とは違った手法が次々と登場しています。

例えば、土壌の代わりに無数にナノサイズの穴が開いたフィルムを使い、その上で植物を育成する方法が開発されています。これにより、作物が吸収する水分量等を調整でき、より甘いトマトの栽培といったことが可能になってきています。

日本の農業が進む方向に合わせて、活用を検討する価値があります。

⑧新規参入プレイヤー

近年、日本でも、製造業、農業機械メーカー、ハードウエア企業等の農業参入が活発になってきました。こうした企業は、本業で培ったベストプラクティスを新しいビジネスモデルとして農業の世界に適用させ、農業でもベストプラクティスを達成しようと試みています。

第8章では、従来の農業では「常識」ではなかったことを、農業外で解決策を手にした新規参入プレイヤーたちがどのように農業に適用していったかを確認します。

日本農業のさらなる発展には、農業を閉じられた業種としてではなく、すべての業種と関連するビジネスと捉えることが重要となります。そのためにも、周辺プレイヤーの長所を存分に取り入れていく必要があります。

第Ⅰ部

食と農を変える八つのメガトレンド

第Ⅰ部では、

①マクロエコノミクスの変化
②技術革新
③政策・規制の変化
④食習慣・食生活の影響
の四つを変化をとりあげ、
それが影響を与えるものとして、
⑤上流プレイヤーの変化
⑥消費者ニーズの変化
⑦代替品・代替手法の登場
⑧新規参入プレイヤー
を導き出し、その結果としての日本農業の位置づけを考えます。

第1章

農業を取り巻く
マクロエコノミクスの変化

本章では、序章で紹介した八つのメガトレンドのうち、マクロエコノミクスの変化に注目します。世界的な人口の増大、所得者層の変化による食料需給の変化を見るとともに、それに伴う輸出入のダイナミクスについても確認します。

あらゆる産業に言えることですが、農業も国内のみならず、世界各国のさまざまな動きが直接・間接に影響を及ぼします。そうした観点から、国策としての輸出入戦略の重要性を確認します。

同時に、温暖化等に起因する農地および水資源の枯渇についても、現在起こっている事実を踏まえながら、環境保全型農業の意義を確認します。

日本農業を考える大前提として、グローバル規模での農業の動きや、土地・水資源等の環境についても見ていきます。

世界的な人口の増加が需要を押し上げる

世界の人口は二〇三〇年には八五億人になり、併せて発展途上国の中間所得層（年間所得五〇万～二五〇万円を得る層。特に中国、インド、ブラジル、アルゼンチン）が三四〇万世帯まで拡大すると見られています（図表1－1）。これらが要因となって、今後二〇年間で農産物需要が一・五倍ほども膨らむことが予想されています。

こうした圧倒的な需要の増加は、世界が今までに経験してきた状況とは全く違う次元の

図表1-1 人口増加および中間所得層の拡大により、今後20年間で農産物需要が1.5倍程度に拡大

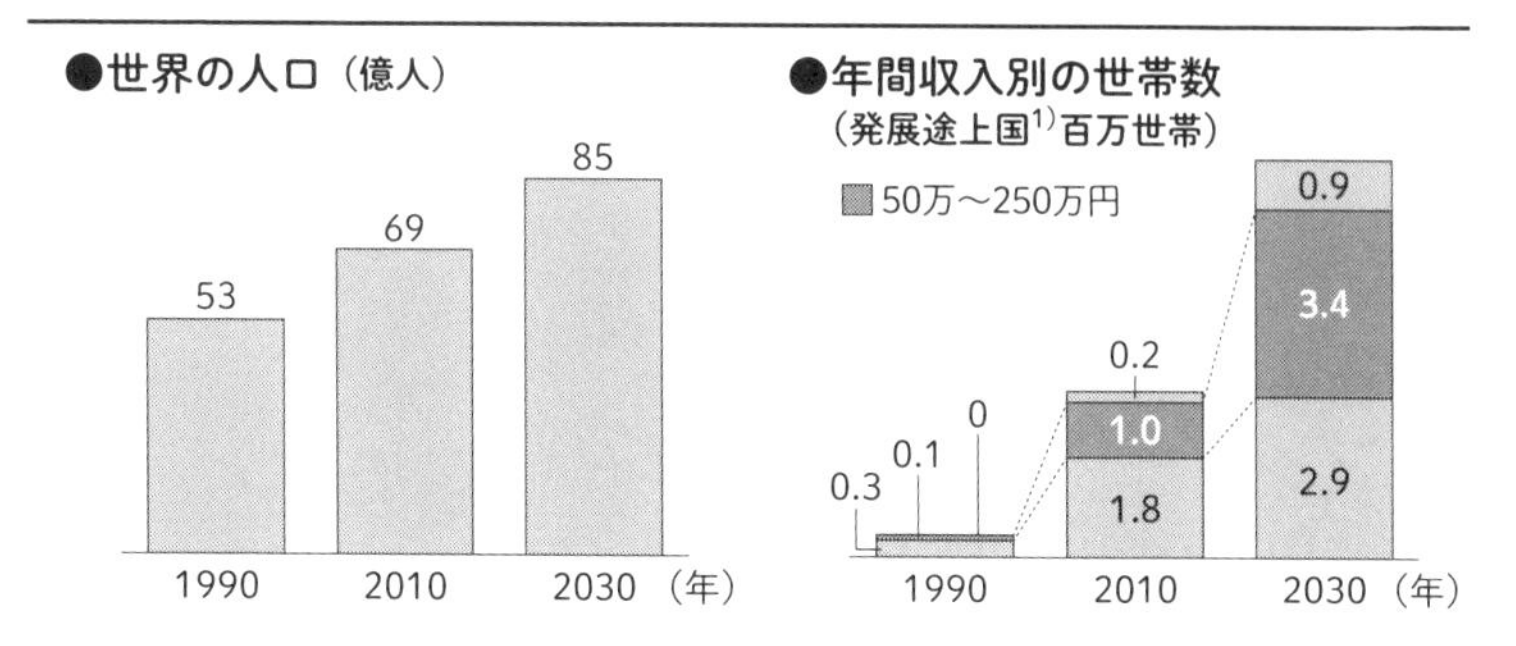

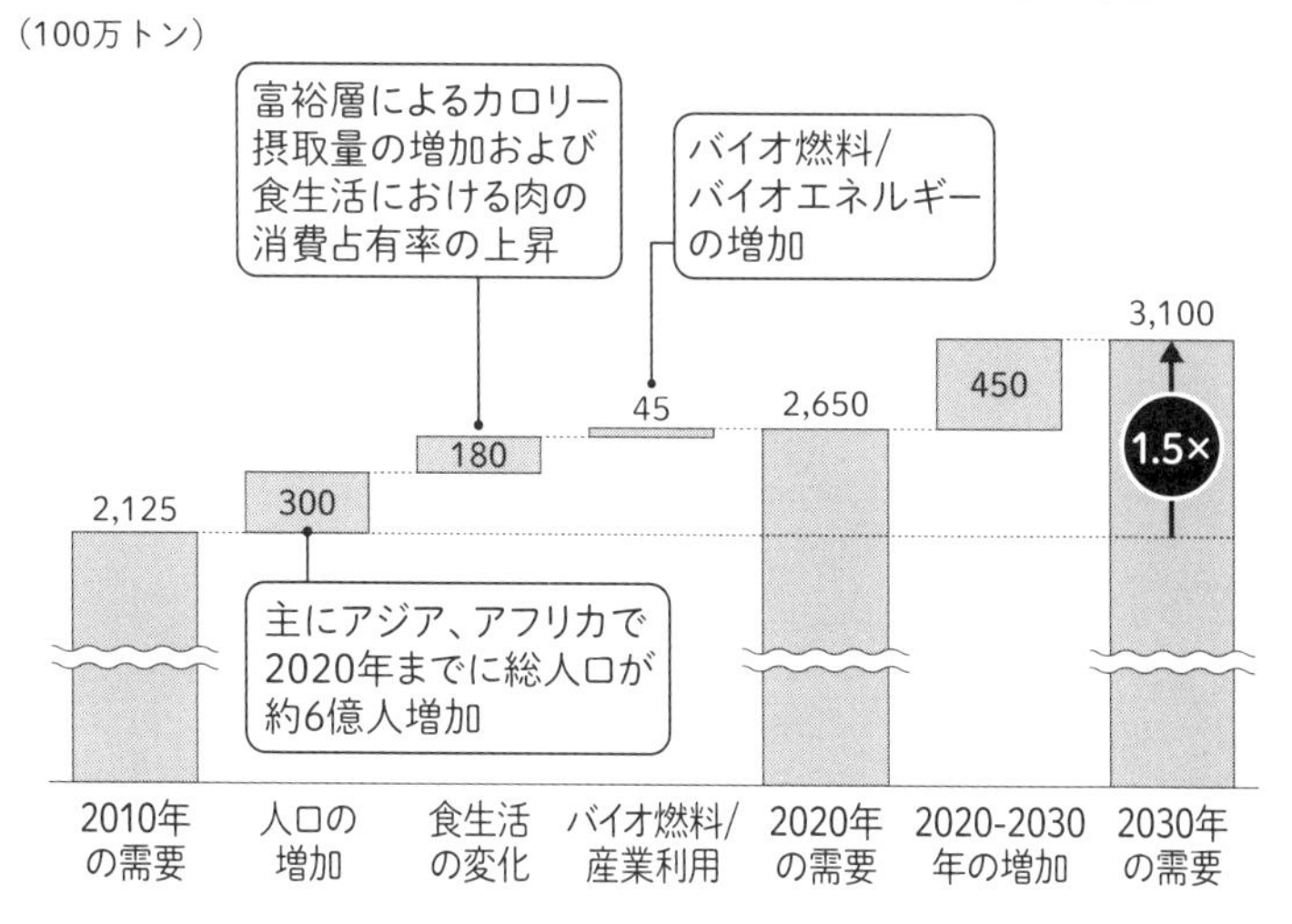

注：1）20カ国の合計（アルゼンチン、ブラジル、中国、エジプト、インド、インドネシア、イラン、マレーシア、メキシコ、ナイジェリア、パキスタン、フィリピン、ポーランド、ルーマニア、ロシア、南アフリカ、タイ、トルコ、ウクライナ、ベネズエラ）

資料：マッキンゼー、USDA、EIU、WORLD BANK、FAO

図表1-2 2025年にかけ、世界の食肉需要は年1〜1.5%という着実なペースで成長する見通し

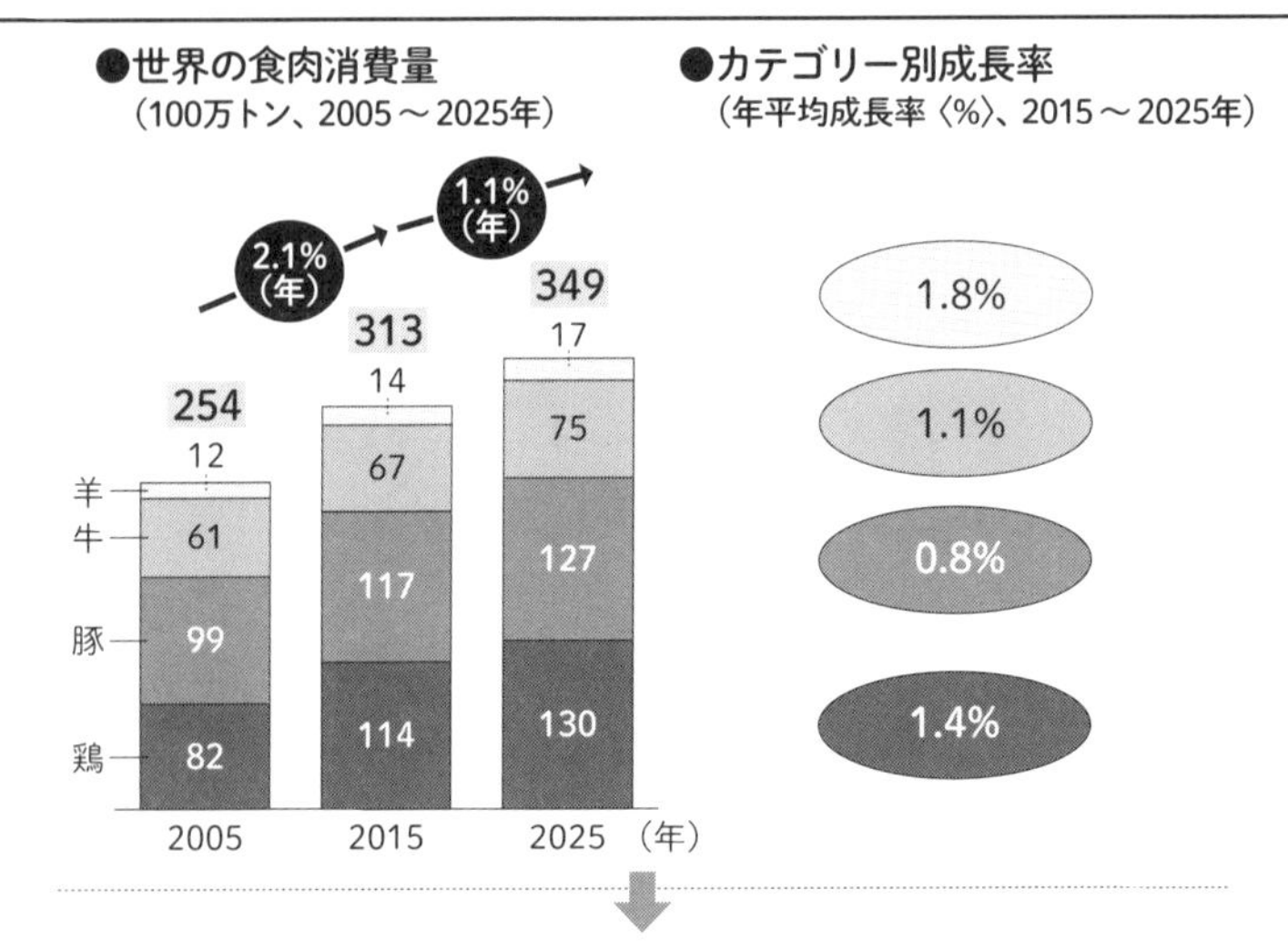

- 世界の食肉消費量は過去10年間の成長率には及ばないものの、2025年にかけ年1〜1.5%という着実なペースで増加する見通し
- カテゴリー別に見ると、牛肉は全体的な傾向と同等のペースで成長。豚肉の増加は緩やかで、鶏肉が最も速いペースで成長する見込み

出所：OECD-FAO Agricultural Outlook（2017年版）

ものとなります。

象徴的な例を見てみましょう。図表1－2は世界の食肉消費量の増加を示したものです。畜種ごとに差はあるものの、二〇二五年まで毎年およそ一～一・五％の伸び率で、需要は着実に増えていくと予想されています。

ただそうは言っても、世界中で一律に増加するわけではありません。国や地域が持つ食習慣や文化の違いによって、食肉消費量にも違いは出てきます。

図表1-3 国や地域によって食肉消費には大幅な差異がある

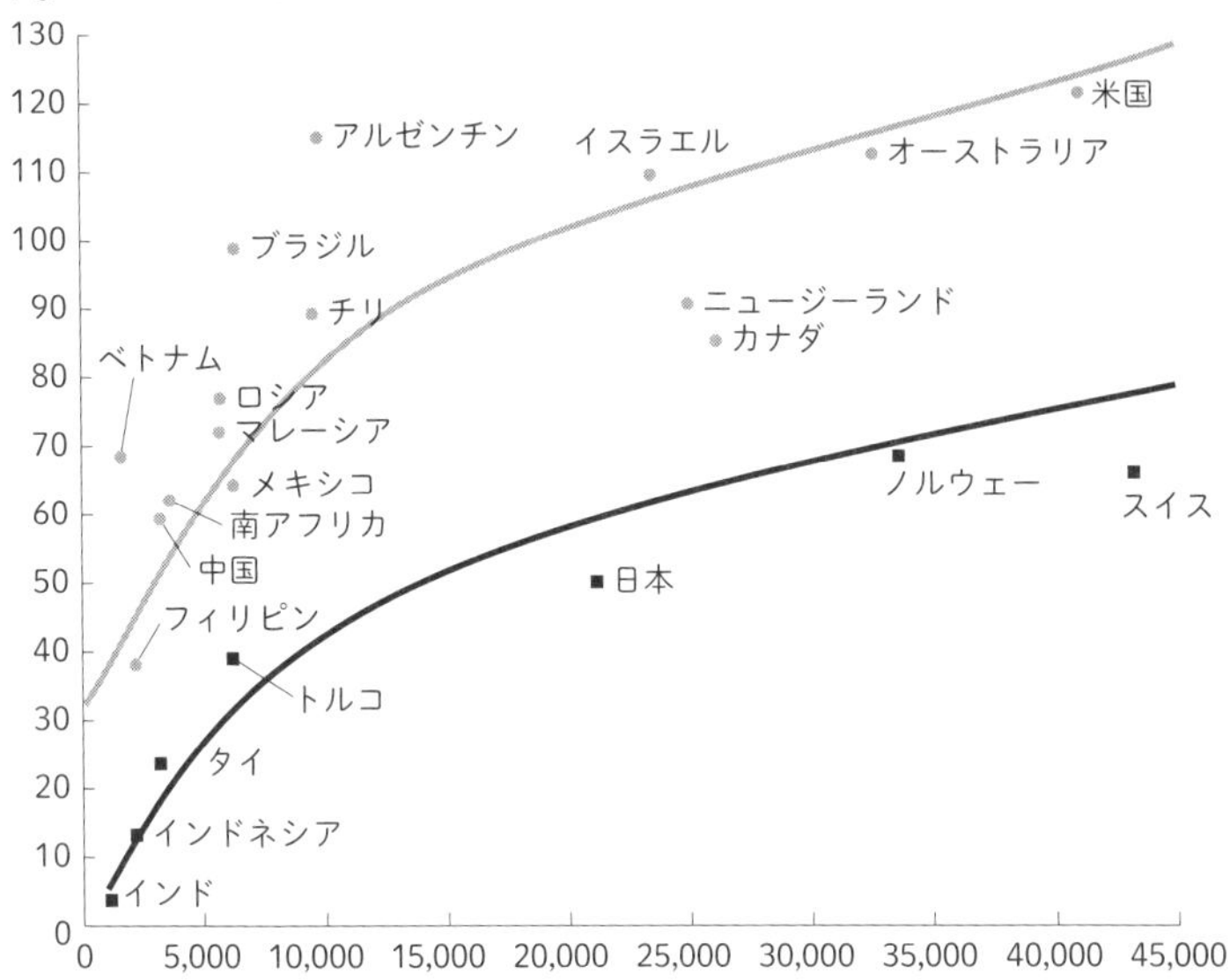

- 各国の畜産品消費量は同様の分岐傾向を示す
  食肉嗜好の高い国：アングロサクソン国家、中南米の先進諸国、
  　　　　　　　　　アジア太平洋諸国の一部
  食肉嗜好の低い国：北欧、アジア太平洋諸国の一部
- さらなる経済成長が見込まれる中国では、すでに食肉消費量が大きい

出所：OECD-FAO Agricultural Outlook（2019～2028年）

図表1－3は、横軸に家計消費、縦軸に畜産品（肉に加え、畜産由来の牛乳や卵を含む）の消費量を取り、食費に対する相対的な畜産品の需要を見ています。

米国、カナダ、オーストラリアなど、アングロサクソン系の国々では非常に大きな肉需要があり、逆に少ないのはアジアの国々です。ただしアジアのなかでも、中国とベトナムといった一部の国は例外として畜産消費量が多い国となっていることは、注目すべき点です。

コラム

ピークミート――個人消費量で見るとピークになっている国・地域もある

食肉の消費量を議論する際に、一人当たりの消費量と、そこに人口や人口の増減を掛けた全体の消費量で見るのとでは、見え方が少し異なってきます。図表1－4、5、6は一人当たりの消費量で見た牛肉、豚肉、鶏肉の消費量です。

これを見ると、二〇一八年以降、牛肉については、中国を除き、プラトー（ピークに達し、横ばいもしくはなだらかな減少）の段階に入っている一方で、豚および鶏肉はともに伸びています。

さらに興味深いのが、米国です。第4章で詳述しますが、環境負荷への意識および健康意識の高まりから、一人当たりで見た場合の肉の消費が、牛、豚、鶏を問わず、

図表1-4 牛肉の消費量は中国を除きグローバルで停滞が予想される

牛肉）各国・地域における1人当たり
消費量の推移および予測（kg/人〈1990-2030〉）

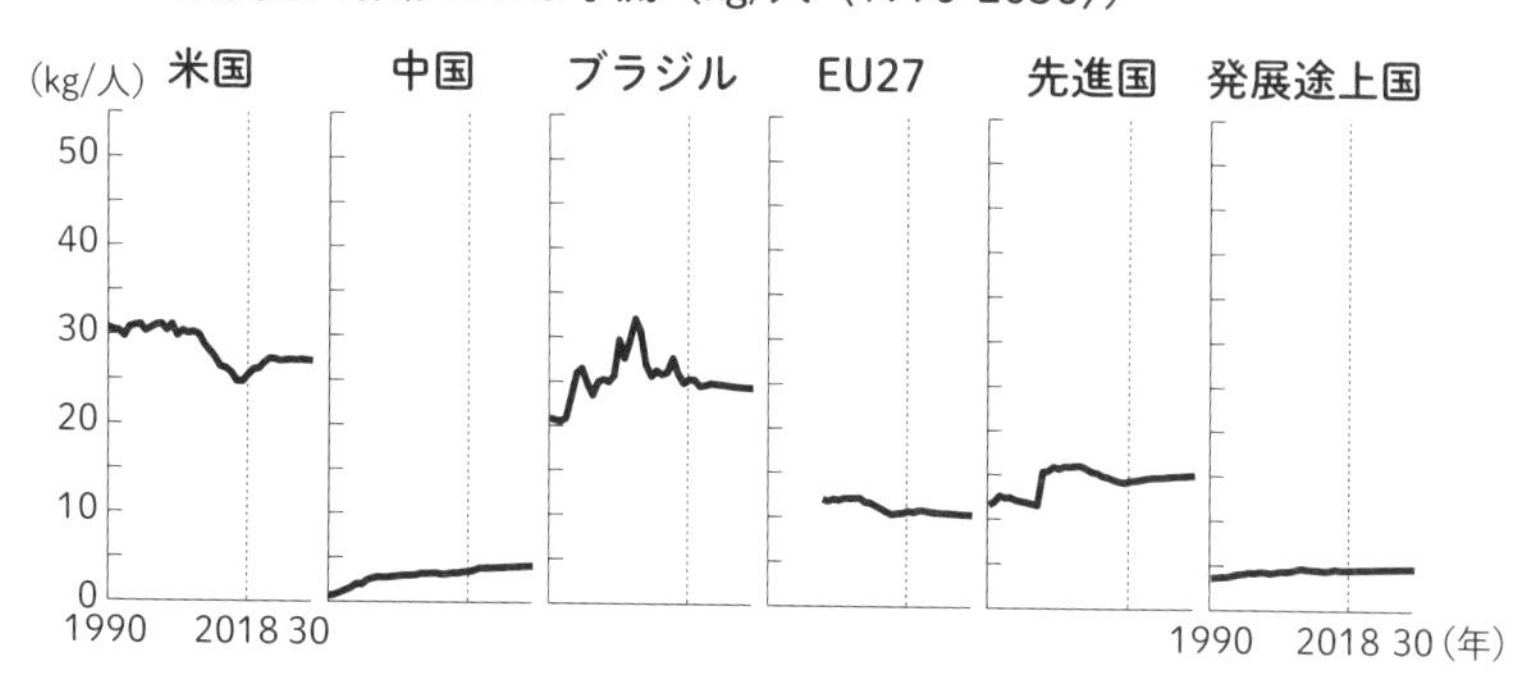

資料：OECD-FAO Agricultural Outlook

図表1-5 豚肉の消費量は今後先進国で停滞する一方、
中国など一部地域ではさらに伸びると予想される

豚肉）各国・地域における1人当たり
消費量の推移および予測（kg/人〈1990-2030〉）

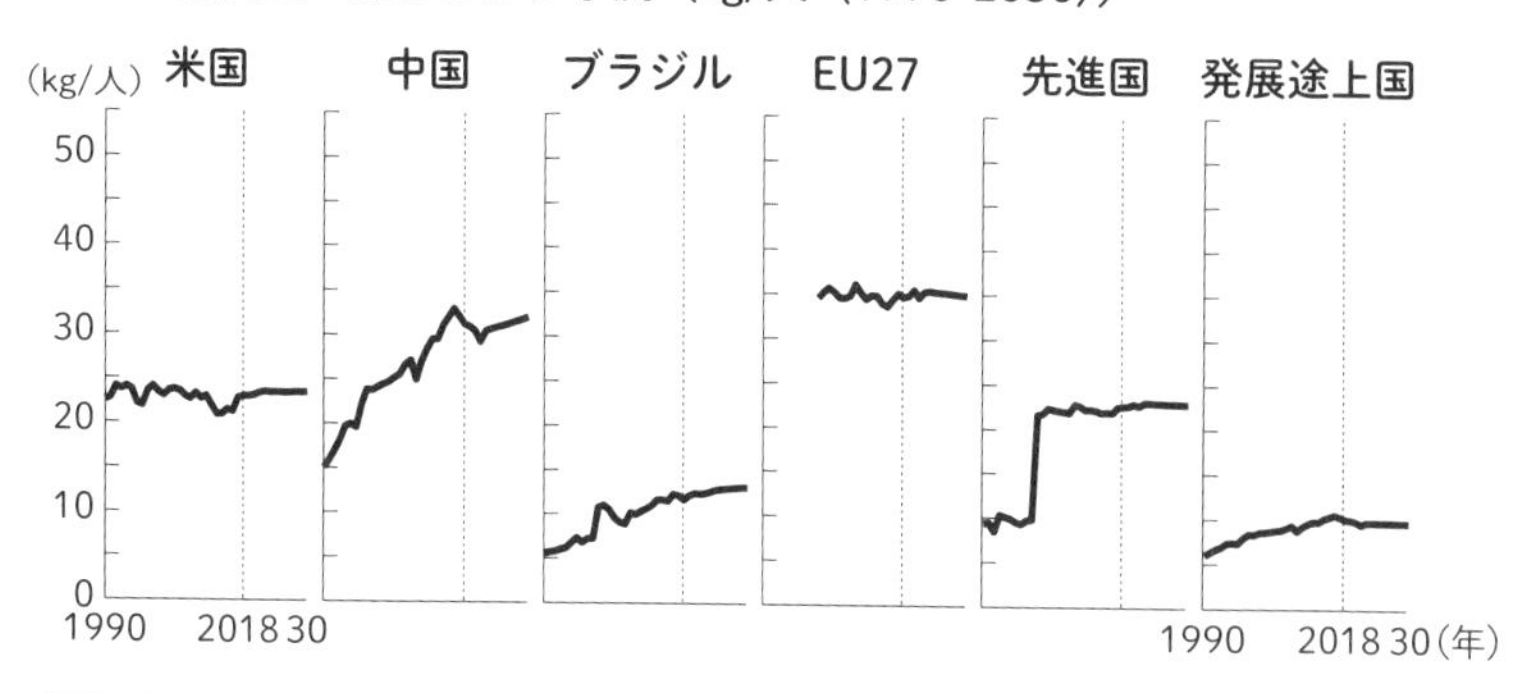

資料：OECD-FAO Agricultural Outlook

図表1-6 鶏肉の消費量は米国など一部地域を除き、グローバルで伸びると予想される

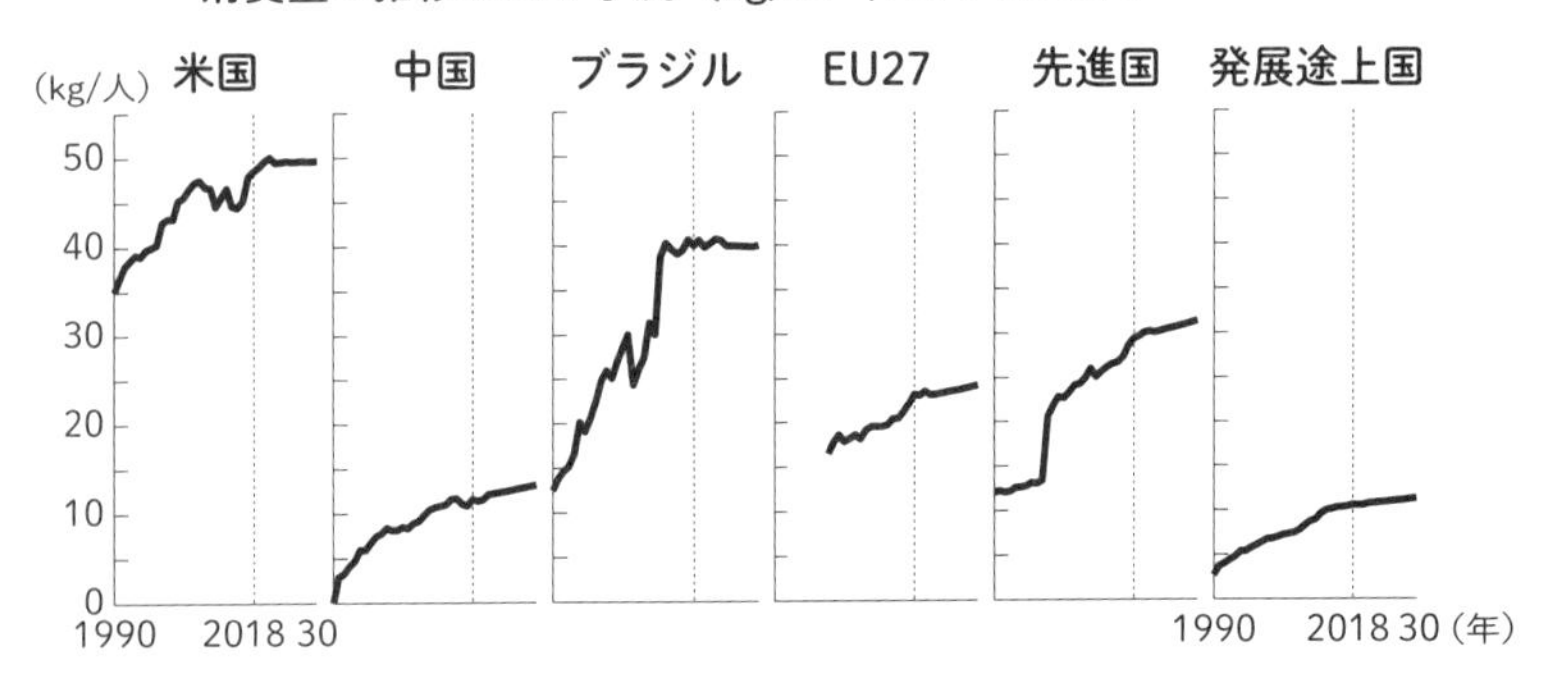

資料：OECD-FAO Agricultural Outlook

ピークに達していることがわかります。

一人当たりの消費量に人口や人口の増減を乗算したのが全体の数字ですが、一人当たりで見ていくことも重要で、興味深いものがあります。

図表1-7 現在の消費傾向に加え、停滞する国内生産の伸び率から割り出すと、中国は2025年までに最大40%の牛肉輸入量引き上げが必要

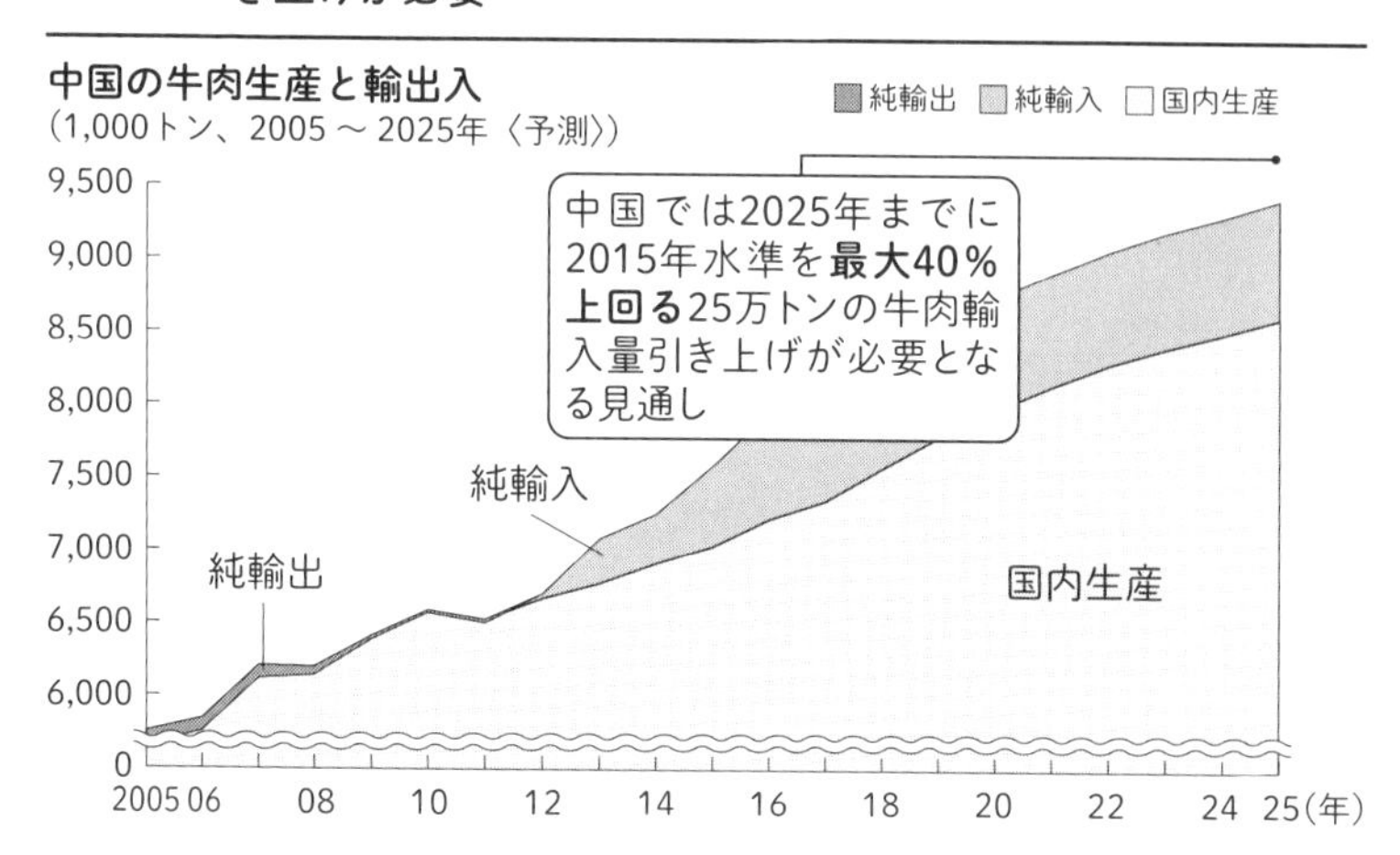

出所：OECD-FAO Agricultural Outlook（2017年版）

人口の拡大がピークを迎える中国の牛肉需要がどのように伸びていくかを見てみましょう。二〇一五年に比べて二〇二五年には量にして二五万トン、率にして四〇％ほどの上乗せになると考えられます（図表1－7）。この伸びは今後少し鈍化すると見られますが、中国はこれらの需要を輸入により補っていく必要があります。

現状、中国や東南アジア諸国にとっては、主に米国やブラジル、オーストラリア、インドといった国が牛肉の輸入元になっています。牛肉という観点からは、こうした国々が中心となってまだまだ需要は伸びていくと考えられます（図表1－8）。

ここでより興味深い点は、こうした

図表1-8 世界全体で見ると、東南アジア諸国および中国が主にインド、オーストラリア、米国、ブラジルから350万トンの牛肉を輸入

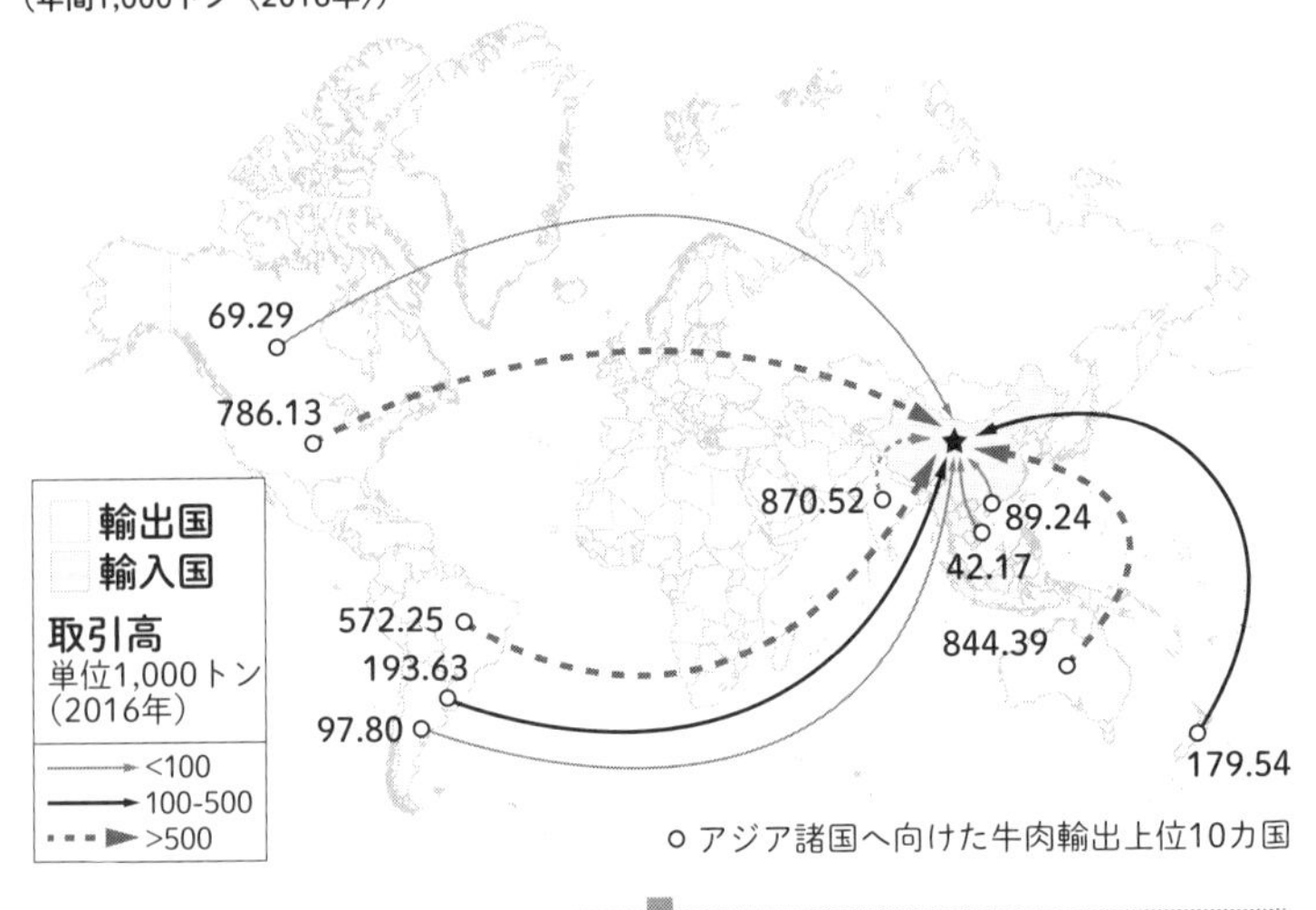

- インドからの輸出は大部分がベトナム、マレーシア、インドネシア向け
- 現在中国本土での輸入は中南米およびオーストラリア/ニュージーランドからが主流

注：1）輸入国にはASEAN諸国（インドネシア、マレーシア、カンボジア、フィリピン、シンガポール、タイ、ベトナム、ミャンマー、ブルネイ、ラオス）、中国、日本、韓国、香港が含まれる。また輸入牛肉には冷蔵および冷凍のほか乾燥肉、食用内臓肉が含まれる

出所：チャタムハウス、国連商品貿易統計データベース、アジア・タイムズ

輸出元の決まり方にあります。この決まり方に大きく影響を及ぼすものに「コストカーブ」という考え方があります。世界の輸出入の流れを理解するのに不可欠な考え方です。図表1－9で「コストカーブ」を説明しましょう。

この図表は、横軸に輸出可能な量（トン）、縦軸に肉の生産にかかるコスト（農地や加工だけでなく、輸送や関税等を含む）を取っています。左側から輸入コストの低い順に国を並べ、右端に最もコストの高い国が来ます。これをコストカーブと呼んでいます。

輸入する中国や東南アジアから見た場合、当然、肉のコストの低い国から優先的に買うことになります。この図で言えば、インドの肉がまず買われることになります。

コストカーブは、気象や政策（関税の増減など）によって年ごとに変わります。特に二〇一六年はオーストラリアに干ばつ被害があったので、その影響も考慮に入れる必要があります。

ブラジル、米国、ウルグアイ、アルゼンチンなどが、オーストラリアとインドの間に位置する国です。こうした国々が供給競争に勝とうと思えば、コストを抑えるか、そうでなければ品質の向上を図る努力が必要なのかもしれません。

いずれにしろこうした国々は、わずかな関税の変更や自国の景気の影響など、ちょっとした理由で輸出国としての地位に変化が表れることになります。それによって、次はどの国が中国・東南アジアで増加する肉需要を満たし、富を得るかが決まるのです。

図表1-9 価格競争力：コストで有利なインドと品質で有利なオーストラリアの間でコストカーブの中間に位置する生産国は競争に直面

中国および東南アジア諸国向け牛肉（枝肉）の輸出国別コストカーブ

牛肉100kg（枝肉重量）当たりの販売価格（米ドル）、
東南アジア諸国への上位輸出国（2016年度）

子牛価値や為替等によりコストカーブの高さ・順位は前後する

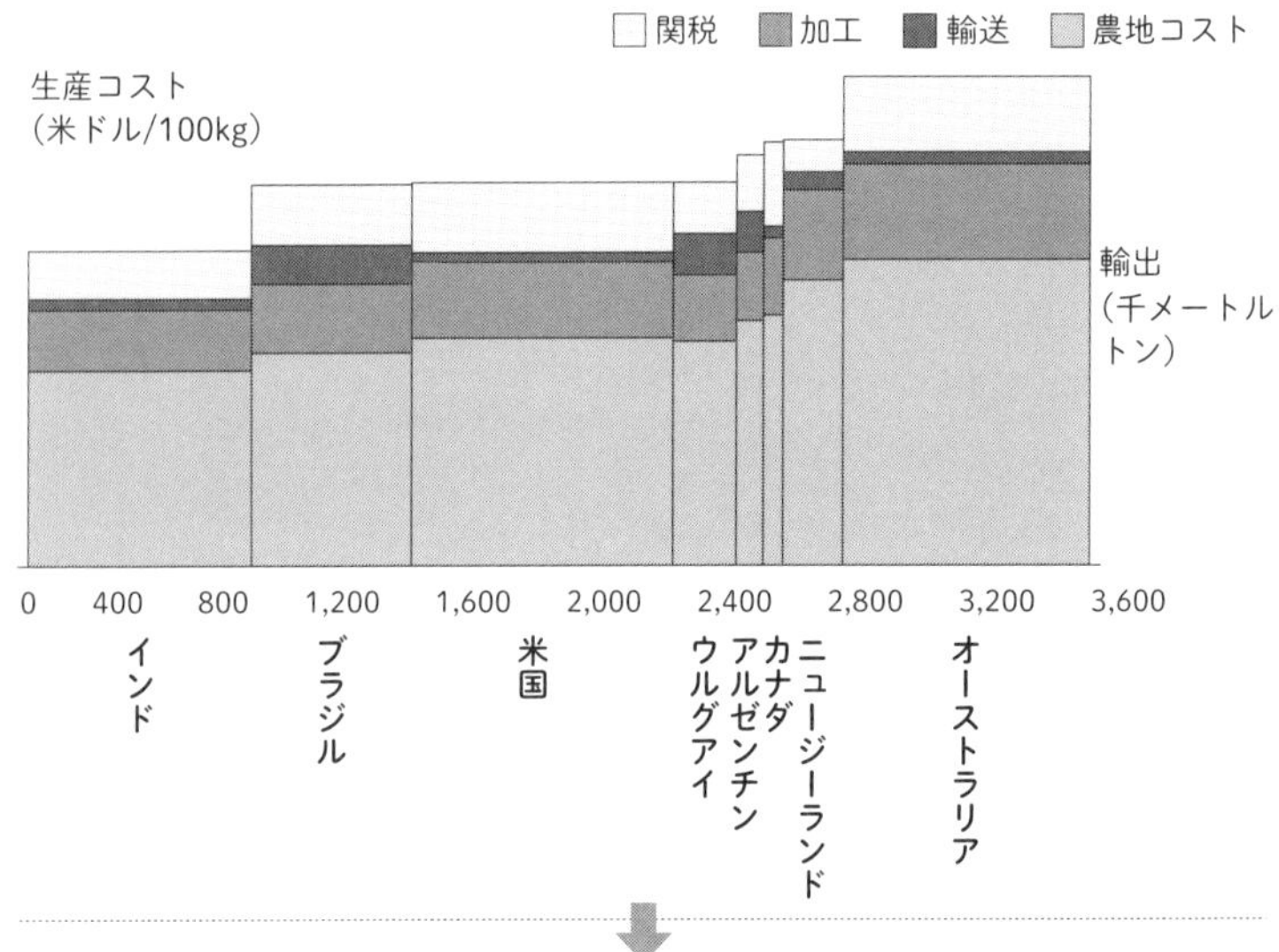

【重要ポイント】

- インド産品はコスト面で優位に立つ一方、通常は一次産品市場への供給にとどまる。オーストラリア産品は高品質として知られており、さらに地位が確立される見通し
- コストカーブ中間の平坦部分を占める生産国は、マクロ経済と生産性向上により、順位が変化

出典：McKinsey ACREツール、FAOSTAT、国連商品貿易統計データベース、World Ocean Freight、WTO

コラム

人口急増国インドは、どの程度、食肉需要増に食い込んでくるのか

先に、人口の増加と中間所得層の拡大により食肉消費が世界中で増えても、増加の様相は国の食習慣や文化の違いによって一律とはならないと述べました。アジアの国々が、米国と同じ所得水準になったとしても肉の消費量まで米国並みにはならないという話です。その状態が一国のなかでも端的に表れているのが、インドです。

インドは、文化的、そして宗教上の違いからも、国内で人々の食生活は大きく異なっています。ベジタリアンを比較しても、ケララ地方はわずか三％であるのに対しパンジャブ地方では六七％が該当します。

もともと宗教上の規定から牛を殺したり食べたりしてはいけないとされている国ですから、所得が上がってもこの食生活はなかなか変わらないと思われます（図表1－10）。

インドの人口は、遠からず中国を抜いて世界一になると言われています。

現状の人口世界一である中国は、この一〇年、一五年で急激に肉の消費量が増えました。世界でこれほどに食料が必要になったのも、中国が経済的に急速に裕福になって牛肉を食べるようになり、それに比例して家畜の餌に必要な大豆やトウモロコシの需要も世界中で伸びたことが背景にあります。

図表1-10 インドは、経済的理由だけでなく、文化的および宗教的要素も食生活の嗜好性を大きく左右する

インドの各州におけるベジタリアンの割合：経済的要素との相関関係は見られない

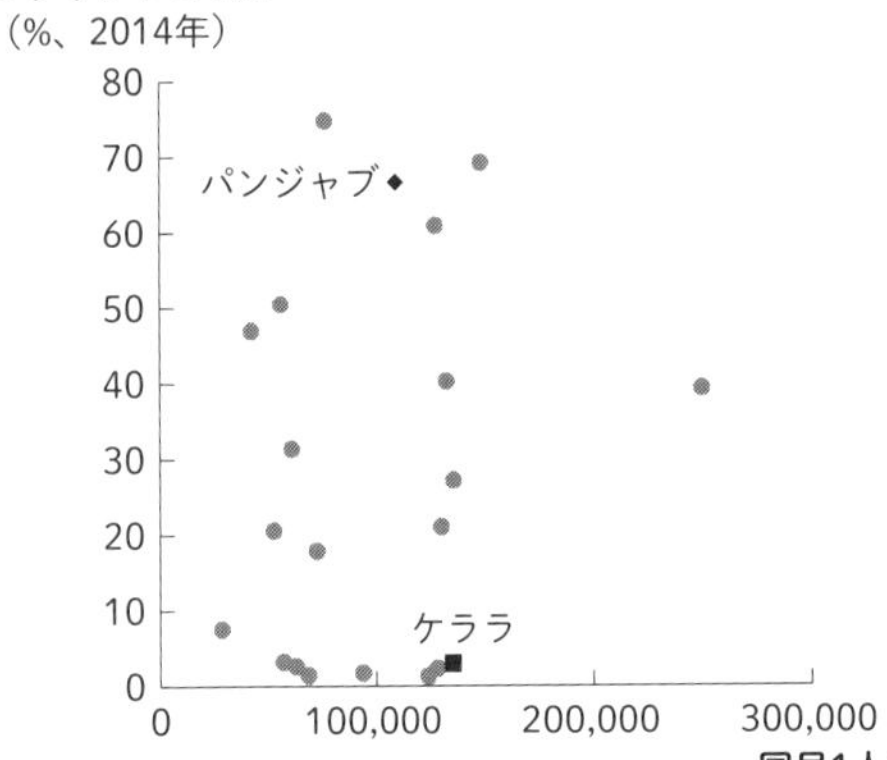

地理、文化、宗教が大きく影響しているように見受けられる

- ケララ地方およびパンジャブ地方は1人当たりの国内生産が同等規模の地域である一方、ベジタリアン人口がケララ地方ではわずか3%であるのに対し、パンジャブ地方では67%
- インドでは29州のうち24州が宗教上の理由により、畜牛の食肉処理または販売を禁じる規制を定めている

出所：インド政府内務省統計

図表1-11 2025年までにインドの人口は中国を上回ると見られる一方、食肉消費は低い水準を保ち、次の中国にはならないと予想される

2025年までにインドの人口が中国を上回り14億人に達すると見られる一方で、その時点でのインド国内の食肉総消費量は中国の10％未満にとどまる見通し

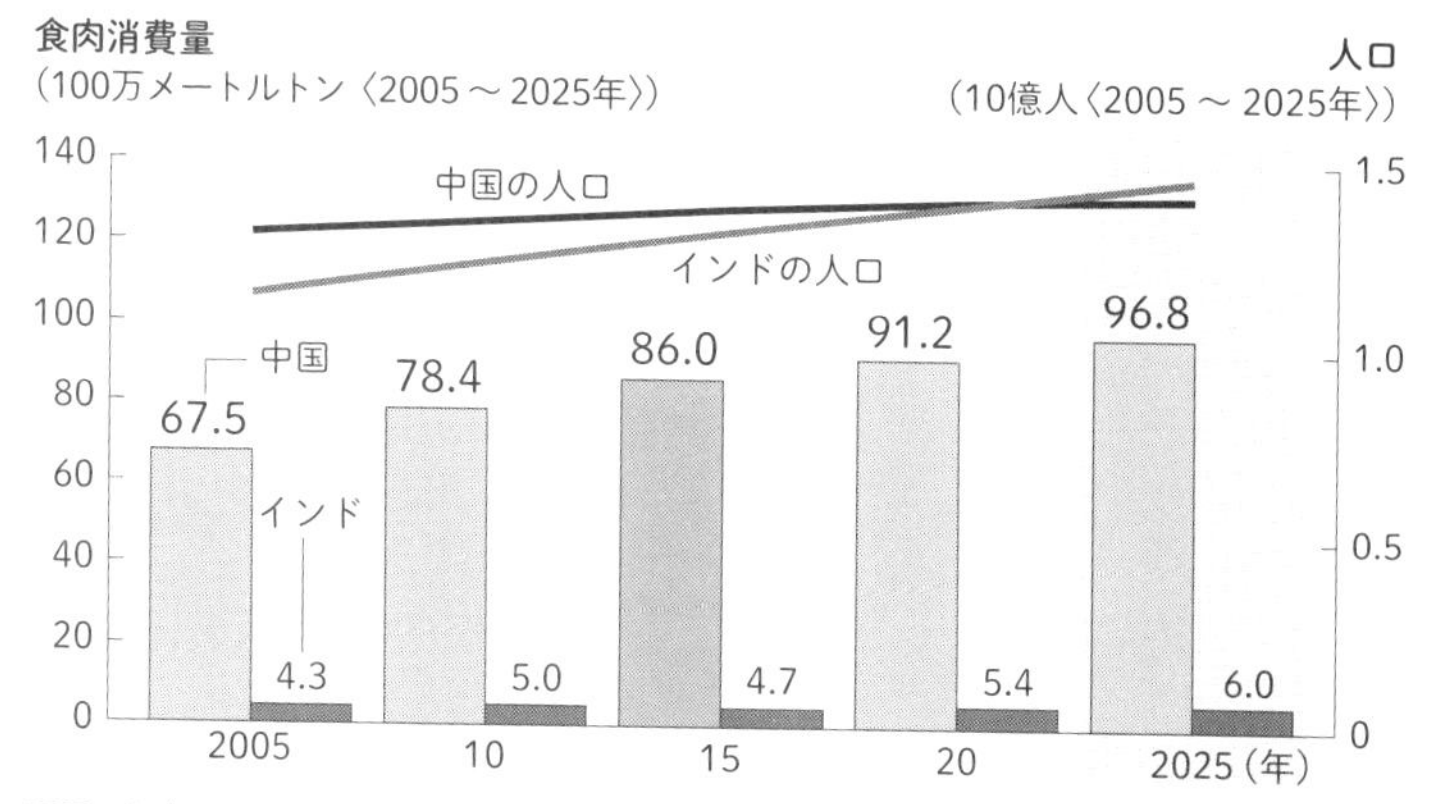

国民1人当たりの食肉消費量が、インドでは中国と比べて著しく低い（3.5kg対55kg、2025年）という事実は、2国間の需要に大きな差があるということを示唆している

出所：OECD-FAO Agricultural Outlook（2017年版）、世界銀行

では、インドが次の人口世界一となって中国に取って代わる食肉国となるかというと、どうもそうはならないようです。

図表1－11を見てください。インドが中国の人口を上回ると見られている二〇二〇年代前半におけるインドの肉の消費量は、圧倒的に少ないレベルです。二〇二五年を見ても、一人当たりの消費量は、中国の五五キログラムに対して三・五キログラムしかありません。

したがって、中国の次

…………はインドが世界の食需要を引っ張るとは単純に言えないのです。二〇二五年段階で食肉化が進んでも、一〇%程度の伸びにとどまるのではないかと見ています。

局地的に需要が伸びる魅力的なマーケットが出現

ここまで、中国の牛肉需要の伸びについて見てきましたが、視点をグローバルに置き直しましょう。

まず二〇一五年から一〇年間で、食肉の需要が畜種別・国別でどのくらい増えるかを確認します（図表1－12）。この図では、一〇年間で増分の多くなるとされる国を上から並べています。例えば鶏肉は、グローバルでの伸び一六四〇万トンのうち中国が三五〇万トンを占めています。さらに鶏肉の需要増の五〇%が、ベトナム、フィリピン、インドネシアなどのASEAN諸国によってもたらされています。

豚肉では、この一〇年間の九五〇万トンの伸びのうち、中国からの需要が約半分を占めることになります。

牛肉に関しては、中国と米国を合わせると、他のトップ一〇の国（ブラジル、パキスタン、メキシコ、ベトナム、エジプトなど）をすべて足してもかなわない増加量が、この二国で消費されることになります。羊肉に至っては、中国の独り舞台になるようです。

図表1-12 各畜産において地域別に高成長マーケットが出現

国別に見た食肉消費需要の拡大
100万トン（2015～2025年）

【鶏肉】

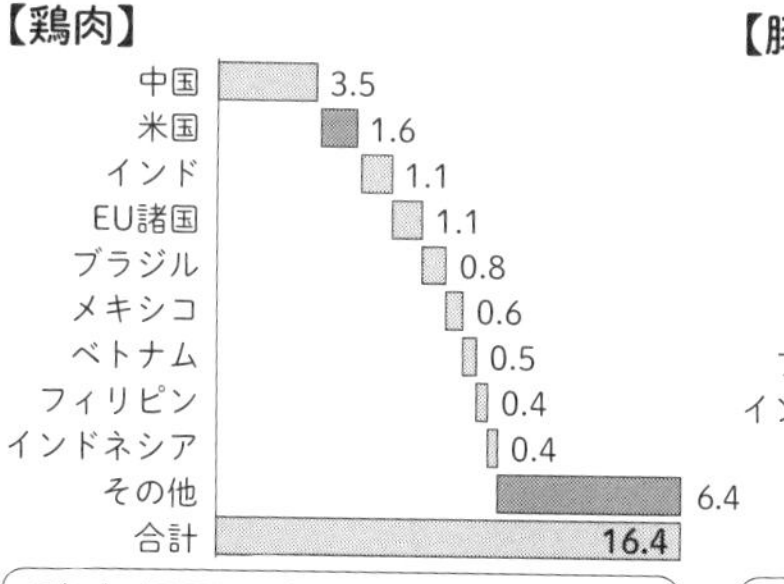

鶏肉需要の拡大の50％には、アジア太平洋地域の新興国が寄与しており、世界の平均成長率を超える見通し

【豚肉】

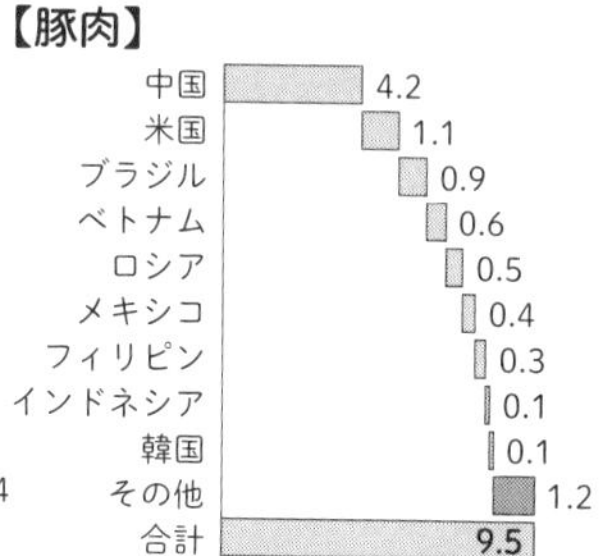

豚肉では需要拡大の50％近くを中国が占める

【牛肉】

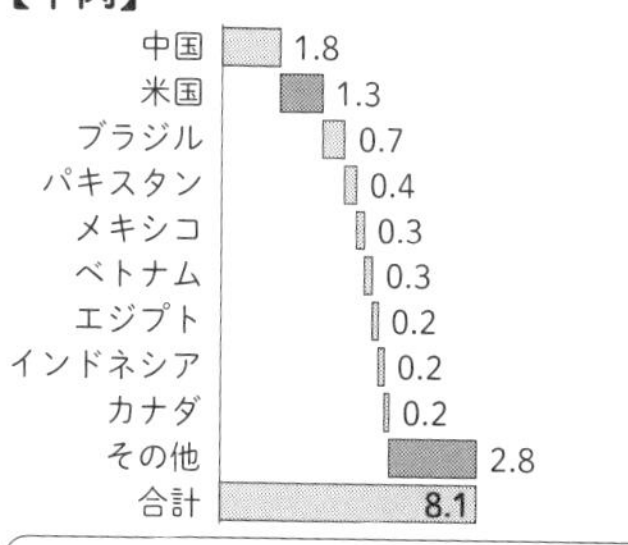

中国および米国における牛肉需要の拡大は、これらを除く上位10カ国の合計をも上回る予想

【羊肉】

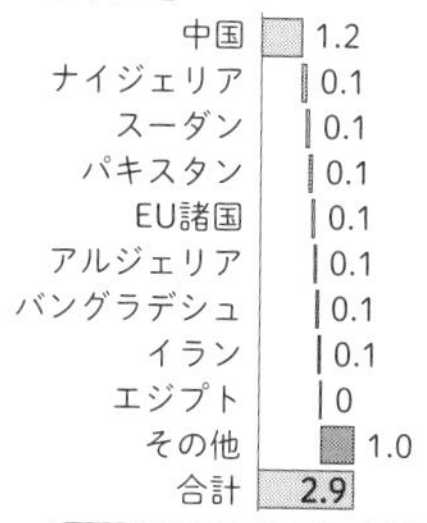

羊肉需要の拡大は中国が中心。中国を除くと非常に細分化されている

出所：OECD-FAO Agricultural Outlook（2017年版）

図表1-13　世界で輸出入の取引量が多い農産物は小麦、大豆、トウモロコシと砂糖

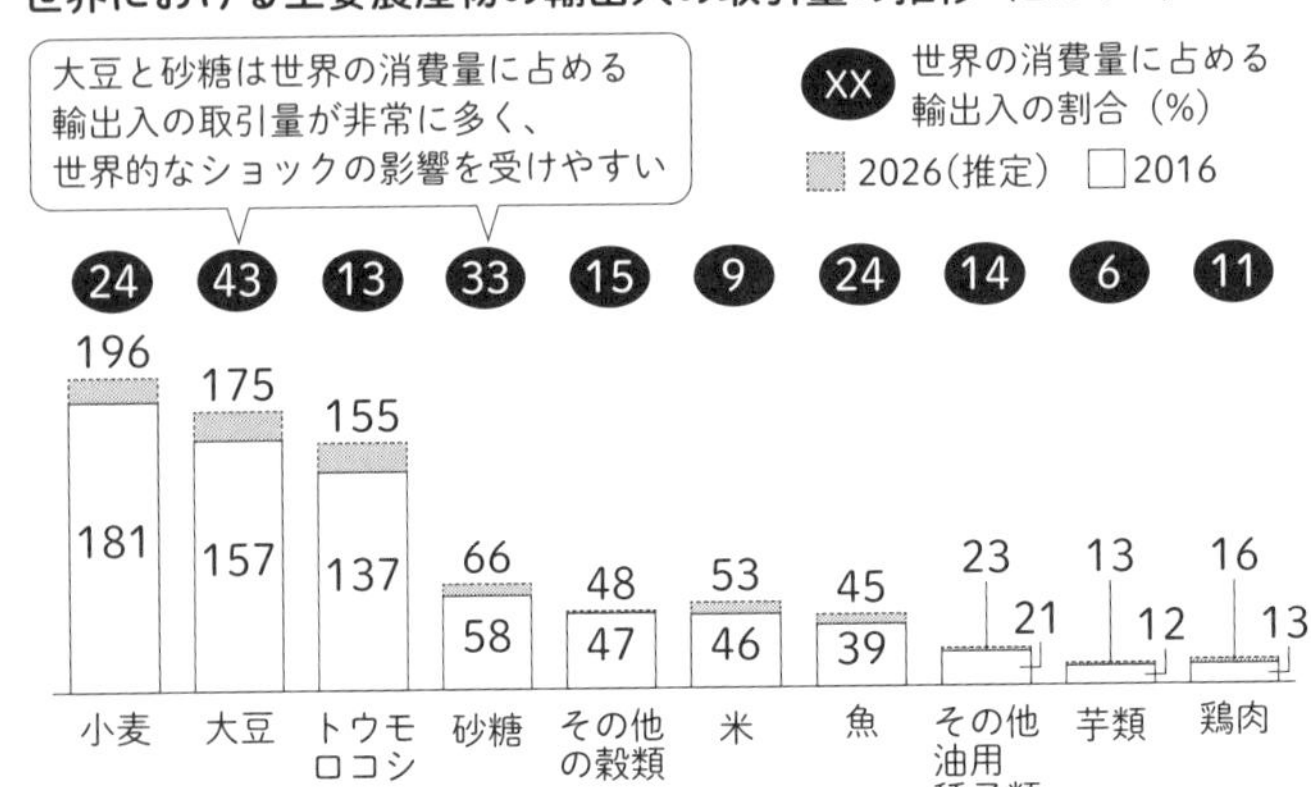

資料：FAO-OECD

このように、それぞれの国の違いや、畜種別・国別の成長市場（特異的に成長する市場）が見て取れます。日本としては、こうした成長市場を見極め、輸出戦略や農作物生産に活かしていく必要があると思われます。

条件次第で目まぐるしく変わる世界の輸出入国

食料消費の伸びと連動して、各国の輸出入のマクロエコノミクスについても見ていきましょう。世界の貿易取引を金額で見ると、小麦が圧倒的に多く、大豆とトウモロコシ、砂糖がそれに続きます。世界の消費量に占める輸出入取引を割合で見た場合は、大豆が四三％、砂糖が三三％と大きな比率を

図表1-14 2001年において小麦は、北米・オーストラリアからの輸出が中心だったが……

2001年の小麦の貿易フロー（百万トン）

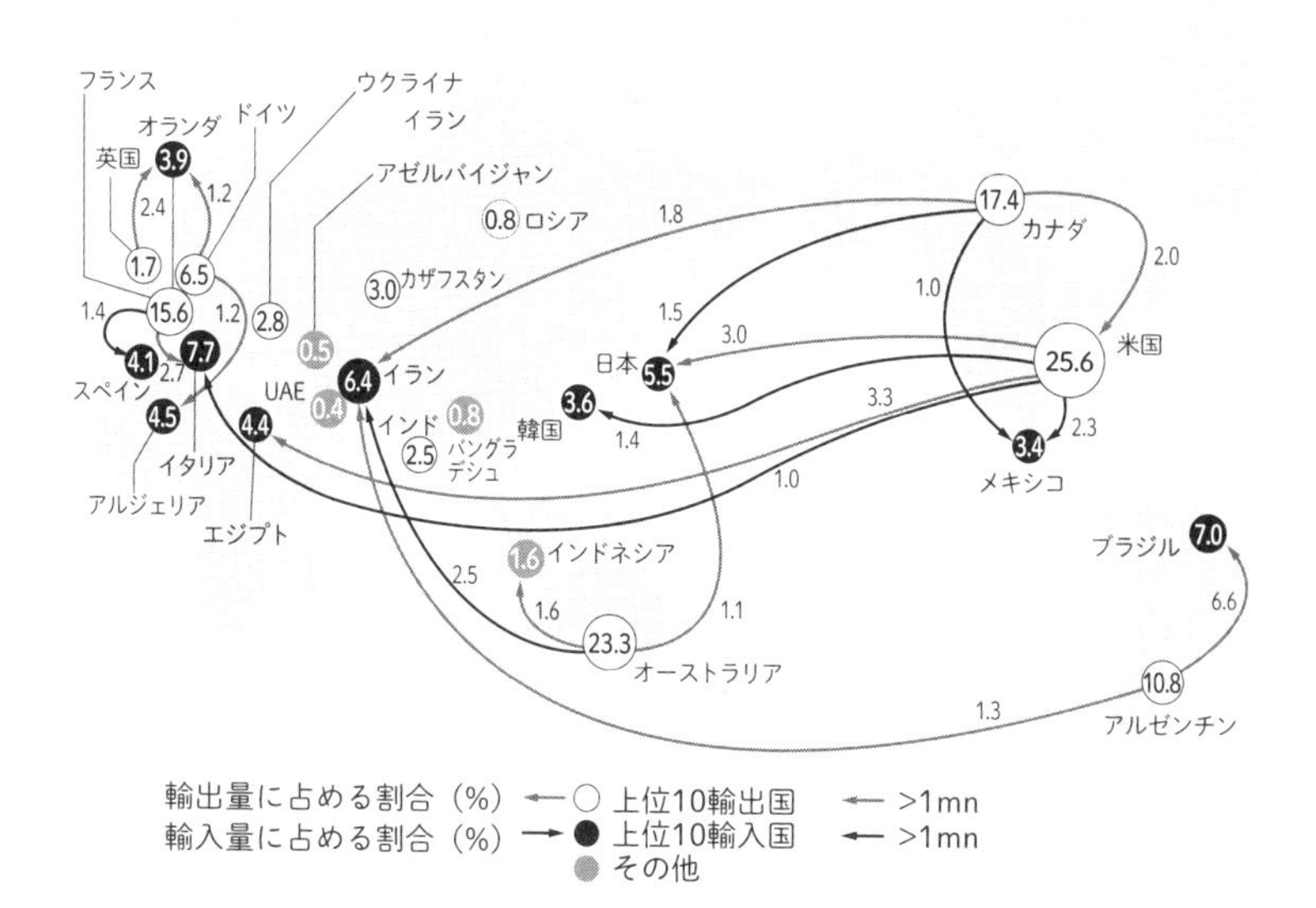

資料：International Trade Center's Trademap

占めています（図表1－13）。

輸出入に頼る率が高いということは、生産地の政情変化や大規模な自然災害などが起こった場合には、その影響を受けて供給量が激変するリスクも高いということです。世界で大規模な災害などが起きると、大豆や砂糖の動向がニュースの話題になるのも、こうした背景によるものです。

小麦の主要輸出国の推移を見ると、二〇〇一年は米国、カナダ、オーストラリアが中心でしたが（図表1

図表1-15 2015年においては、ロシア・ウクライナの輸出が急伸し、東南アジアの輸入量が増加

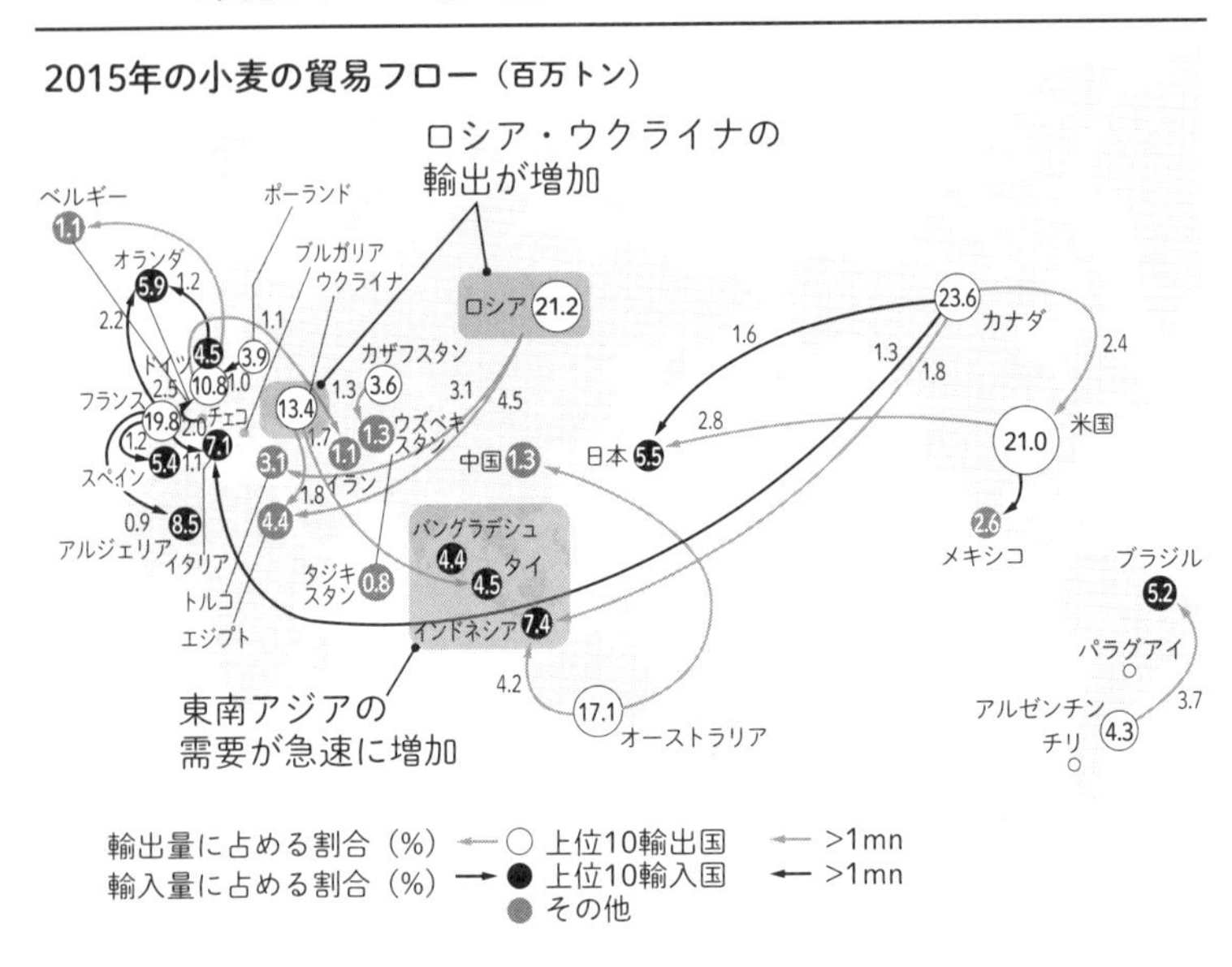

資料：International Trade Center's Trademap

－14）、二〇一五年にはロシア、ウクライナの輸出量が急伸して北米に並ぶほどに成長し、輸入では東南アジアの需要が大きく増えています（図表1－15）。

わずか一五年でこのようにトレードフローが大きく変化することもあるので、こうした点も十分に考慮して輸出入の戦略を立てる必要があります。

このようなトレンドは、二〇三〇年から二〇五〇年にかけても起こると予想されています。ロシア、ウクライナの小麦輸出量は引き続き増加

図表1-16 2030〜2050年においても、ロシア・ウクライナ・アルゼンチンで輸出量が増加する見通し

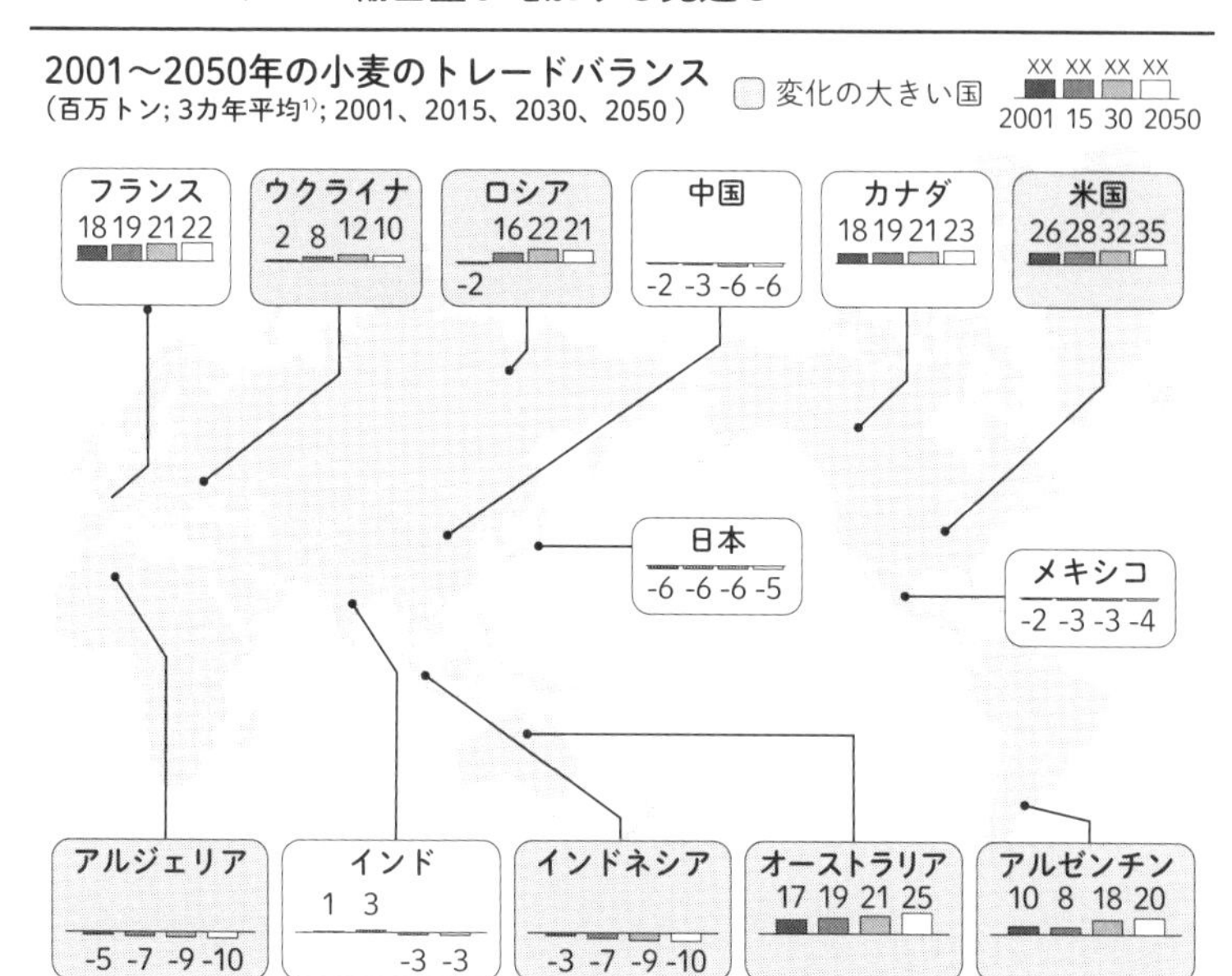

- ロシア・ウクライナ・アルゼンチンで輸出量が増加
- 東南アジア・北アフリカの輸入量が増加

注：1）前年2年間と本年の計3年間の平均。2001年は単年実績
資料：FAOSTAT、USDA、OECD-FAO Agricultural Outlook（2016-2025）

図表1-17 **2027年には、ブラジルの大豆の輸出量のシェアは世界の約半分を占め、中国の輸入量のシェアは世界の約3分の2に達する見込み**

XX 世界の取引量全体に占めるシェア（%）

大豆輸出国：過去の実績および今後の予想

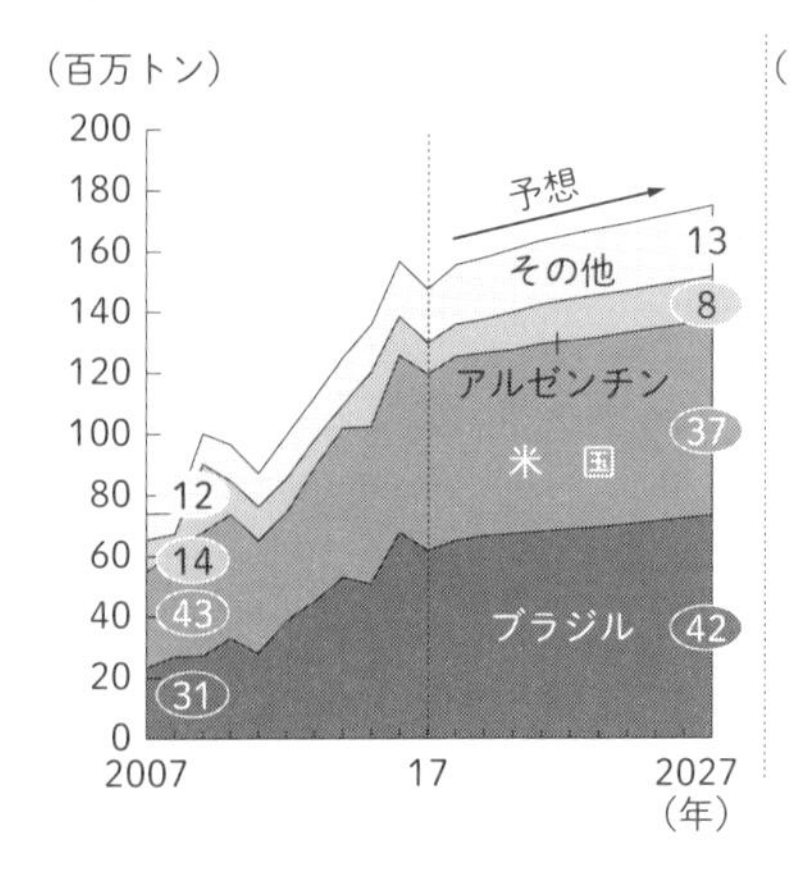

大豆輸入国：過去の実績および今後の予想

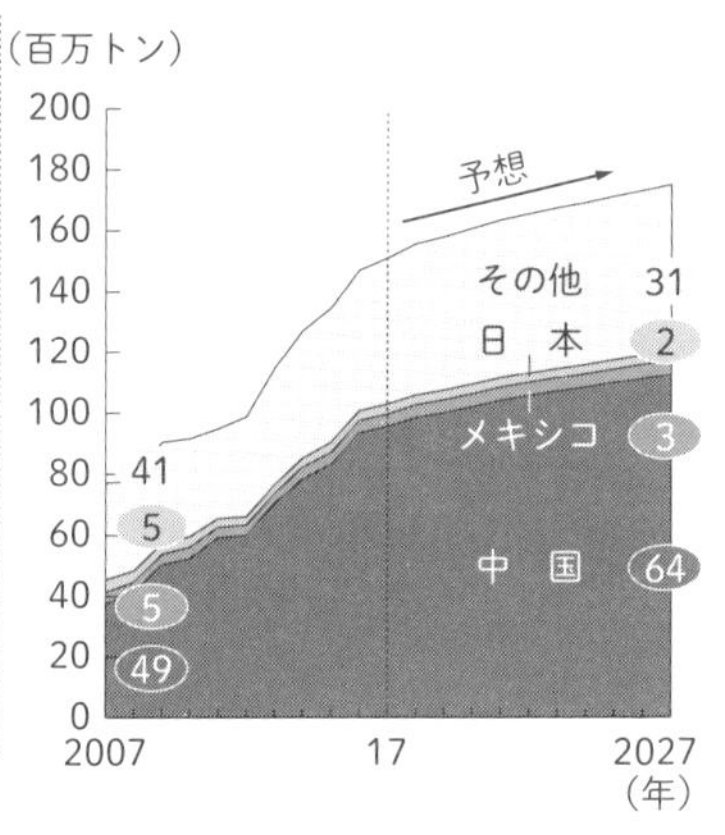

資料：FAO-OECD

し、これにアルゼンチンも加わると見られています。東南アジア以外に新たな輸入国としてインドネシアが現れる点などが注目すべき点です（図表1－16）。

大豆の輸出入はどうでしょうか。輸出国は現状も将来もブラジル、米国が中心になり、輸入に関しては今後一〇年で中国が世界の三分の二を占める見込みです（図表1－17）。

地球温暖化で名乗りを上げる新輸出国

前述のコストカーブを再び取り上げてみましょう。農産物の生産コストカーブは、石油や鉄鋼などに比べると非常に平坦な曲線を描くと言われています（図表1－18）。大豆とトウモロコシは、生産コストの最も低い国と最も高い国の差が一・二で、砂糖は一・四となっています。農業以外の、例えば石油産業では、最も低い国と高い国の差は三倍から四倍にも開きます。

つまり、農産物のコストカーブでは、左端と右端の平均値に大きな差は見られません。このことは、前にも少し述べましたが、わずかな変化が国の輸出競争力に多大な影響を与えることを意味します。

例えば、米国政府が自国農家を守るために補助金を出したならば、世界の貿易市場において米国農業は強くなります。アルゼンチンが農作物に関税をかけると、アルゼンチンの競争力は一気に低下します。

各国とも、生産コストの水準は均衡しているため、そういった政策や気候の影響によるちょっとした変化で、輸出国の順位が逆転する可能性が高いことを、今後も注意深く見ていく必要があります。

図表1-18 平坦なコストカーブはコスト構造のわずかな変化が国の輸出競争力に大きな変化を与えることを示唆している

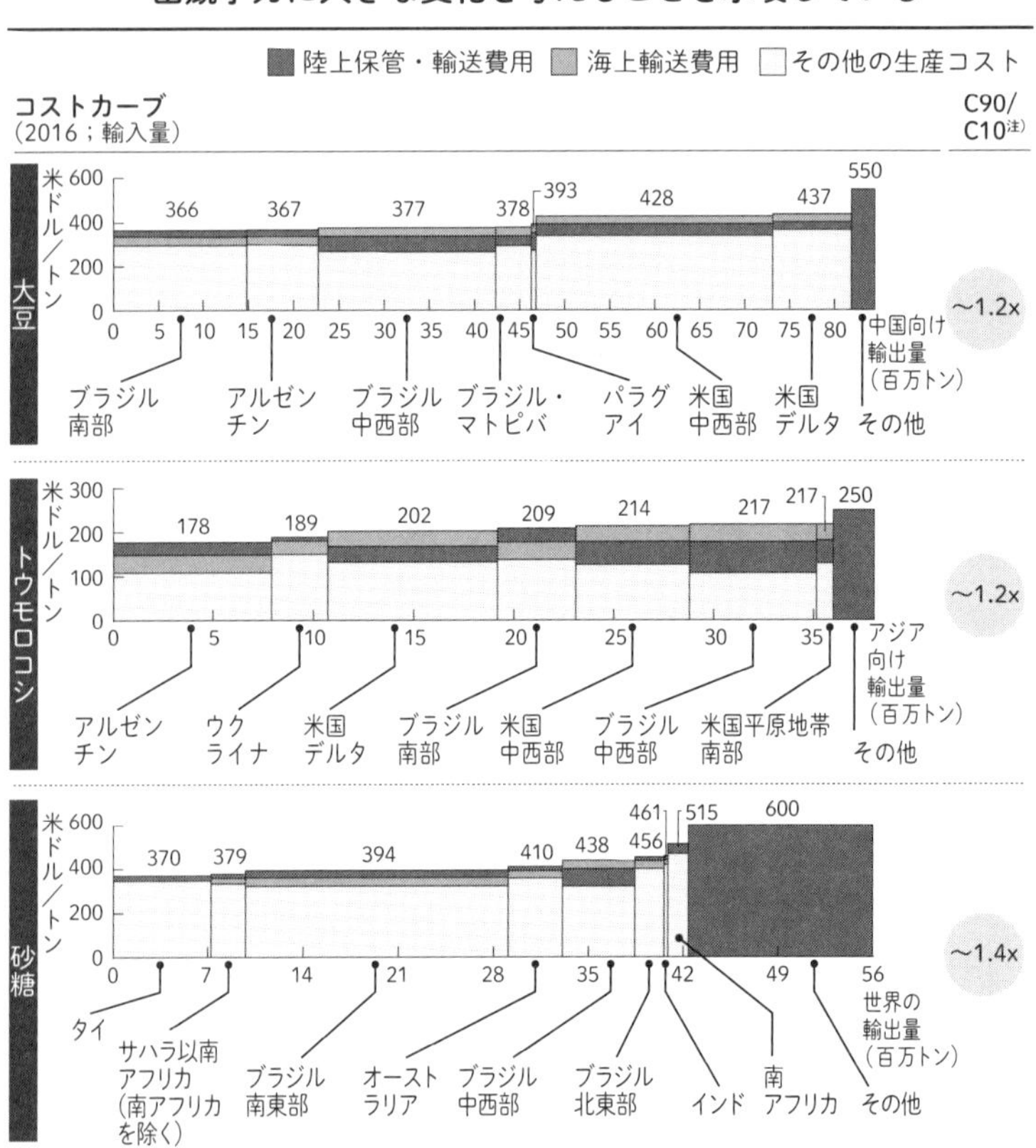

注：生産コストの最大値と最小値の比率を算出
資料：McKinsey ACRE、USDA、FAOSTAT、CONAB、Argentine Ministry of Agriculture、WTO、SeaRates.com

コラム

コストカーブが表す需要と供給の原理

図表1－18を再度ごらんください。Y軸は生産コスト、X軸は生産量を示していま す。白い部分が生産コストで、海上輸送費用を示す薄い網掛け部分と陸上輸送・保管費用を示す濃い網掛け部分が輸出に必要なコストです。この両方を合計した総コストが、例えば大豆では、一番左のブラジル南部の三六六ドル／トンとなります。

中国向けの大豆の輸出量は総重量約八〇〇〇万トンです。図表1－18はこの八〇〇〇万トンがどの国のどの場所からどれくらい出ているのかを示すものです。コストの低い順に左から、ブラジル南部一五〇〇万トン、次がアルゼンチン、ブラジル中西部、ブラジルのマトピバ地域、パラグアイと並んでいます。

中国が大豆を輸入しようとしたときにはまず、最も価格の低いブラジル南部を見ます。そして需要量に従って徐々に右に行き、最後は米国から買うという選択をしているのです。

このコストカーブには、もう一つポイントがあります。例えば砂糖の欄を見ると、全世界の総輸出量が五六〇〇万トンあります。需要は決まっているのです。

というのは、世界全体の消費量が五〇〇〇万トンだとすると、需要と供給の均衡点は市場価格六〇〇ドル／トンになる、と経済原理的に言われています。

世界の需要が二八〇〇万トンしかないのであれば、オーストラリアより右にいる国、ブラジル中西部・北東部、インド、南アフリカなどは、生産する必要がなくなるのです。そして、コストの低い順で市場を形成していくので、価格も三九四ドル／トンで止まることになります。

それより高い国々は生産をしても、余ってしまうというのが現実なのです。ですから、需要の線が引かれたところの価格で、ほぼ貿易参加国が決まっていくと言われています。

コストカーブは、生産コストの最大値と最低値の比率を算出したもので、一番右側にある数値、～一・二X、～一・四Xとあるのは、左端の国から右端の国までを結んだ線にどれくらいの傾き、つまり変化があるのかを見るものです。

前述したように農産物のコストカーブは、比較的フラットです。金や石油、鉄鉱石など、他の業界では、左と右で優に三倍、四倍が普通です。

例えば石油の場合、サウジアラビアでの精製と、米国でシェールオイルを作るのと、その他インドネシアやナイジェリアで石油を生産するのとを比較すると、サウジアラビアの方が断然低コストでできます。したがって左と右で大きな差がつき、農業のコストカーブに比べるとはるかに傾きが大きくなります。

農業の場合、そもそも傾斜がフラットで、あまり差がありません。ちょっとした変化で大きく国の順位を変えてしまうことにつながります。

砂糖の欄のタイを見てみましょう。現状は三七〇ドル／トンで輸出しているのが、関税を課されて四〇〇ドル／トンになるとします。すると一気に中央のオーストラリアの前まで輸出競争力が落ちてしまいます、先ほど述べたように需要が二八〇〇万トンしかなくなれば、需要の外側（生産しても買ってもらえない状況）に追い込まれます。これが、農業のコストカーブの特徴です。

地球温暖化がもたらす影響

温暖化も輸出国の順位に影響を与える要因となります。図表1－19は、トウモロコシの輸出入量を表した図です。X軸の推移が、このまま温暖化が進んだ場合の平時のシナリオにおける各国の輸出入の量（プラスが輸出、マイナスが輸入）。Y軸が、IPCCシナリオの状況下でより温暖化が進んだ場合にどうなるのか、というシナリオです。

例えば米国のX軸が六〇、Y軸が四〇あたりにあるので、平時では六〇〇〇万トンの輸出、温暖化時には四〇〇〇万トンの輸出となりシナリオによって輸出量が変化します。

このままのペースで温暖化が進むシナリオでは、六〇〇〇万トンの米国と三八〇〇万トンのブラジルが二大輸出国なのですが、より温暖化が進むIPCCのシナリオでは、五〇

図表1-19 **温暖化により輸出減が予想される米国・ブラジルだけでなく、温暖化発生時に輸出国となるロシアやウクライナからも輸入できるように関係を構築することも視野に入れたい**

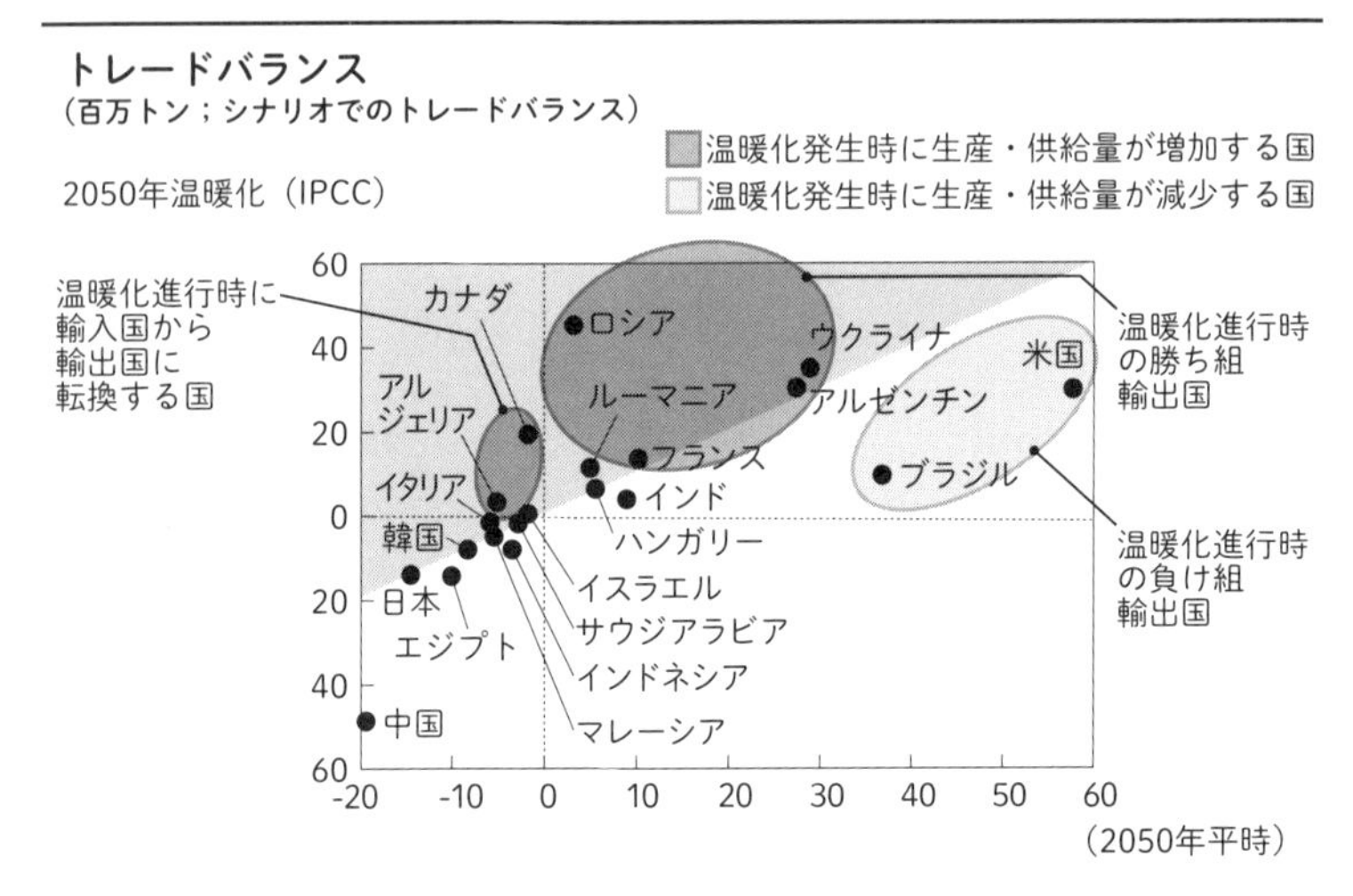

資料：FAOSTAT、USDA、OECD-FAO Agricultural Outlook (2016-2030)、Center for Global Development (2007)、IPCC (2015)、IIASA

○○万トンの輸出国となるロシアをはじめ、ウクライナ、アルゼンチンが大幅に輸出量を増やし、米国、ブラジルを凌駕しています。カナダなどは、三○○○万トンの輸入国から二○○○万トンの輸出国へと転換することになります。

こうした現象がなぜ起こるのでしょうか。温暖化が進むにつれてブラジルなどのある南半球は暖かくなりすぎ、土地の生産性が低下してしまいます。逆にロシアやカナダは、氷が溶けて農業用地が増えていくことに加えて、ロシア北方の北極圏の氷も溶けることから、そこに港ができ、大輸出地帯になることが予想できるのです。

日本としては、長期的に、こういった可能性も視野に入れながら、米国、ブラジルだけでなく、カナダ、ロシア、ウクライナなどからも輸入できるように準備を整え、関係性を構築するなど、戦略を検討すべきと考えられます。

コラム

気候リスクの経済的インパクト

農業に影響を及ぼす気候リスクは、洪水、竜巻、山火事、干ばつ等、すでにさまざまな形で顕在化しています。

例えば、米国では二〇一七年に生じたカンザス州の山火事で被害に遭った農家および牧場に対して米農務省は六億円の資金援助を行いました。同年にフロリダ州を襲ったハリケーン「イルマ」による農作物への被害は二五〇〇億円に達しました。また二〇一九年アイオワ州で洪水被害を受けたトウモロコシおよび大豆の総量は五〇〇万～一〇〇〇万ブッシエルと見込まれ、被害総額は一七～三四億円と推定されています。

アルゼンチンでは二〇一八年の干ばつによってトウモロコシや大豆が大打撃を受け、これらに飼料を依存しているアルゼンチンの精肉および乳製品産業は六〇〇億円以上の被害を受けました。

気候リスクの経済的インパクトを精確に予測するためには、第一のインパクト（直接的な被害）に加え、第二のインパクト（需要の低下や供給コストの増加）および第三のインパクト（ブランド価値毀損）まで勘案する必要があります。

具体的には、第一のインパクトとして災害の直接的な被害があります。例えば洪水によるオペレーションの中断、山火事による在庫の喪失、ハリケーンによる建物への被害が挙げられます。

第二のインパクトとして、具体的には、生産が中断している期間に、消費者が競合の商品を購入することによる需要量が減少、喪失した在庫を短期間で再調達することによる供給コスト上昇が挙げられます。

そして、第三のインパクトとしては具体的には、消費者が商品を安定して購入できないことで生じるブランド価値の毀損や信頼の喪失が挙げられます。

この3つの段階でのインパクトを洪水の例で示すと、次のようになります。

洪水によって穀物エレベーターだけでなく、地域全体に被害をもたらす（第一のインパクト）→地域の農家の生産量は大きく減少し、供給コストが上がる。回復も難しい（第二のインパクト）→地元の農家は、転職や転居を余儀なくされ、穀物の需要、労働力およびインフラの効率性が低下する（第三のインパクト）。

図表1-20 水資源に関してはより大きな開発が必要になると見込まれ……

世界で必要となる水資源の予測（十億立方メートル）

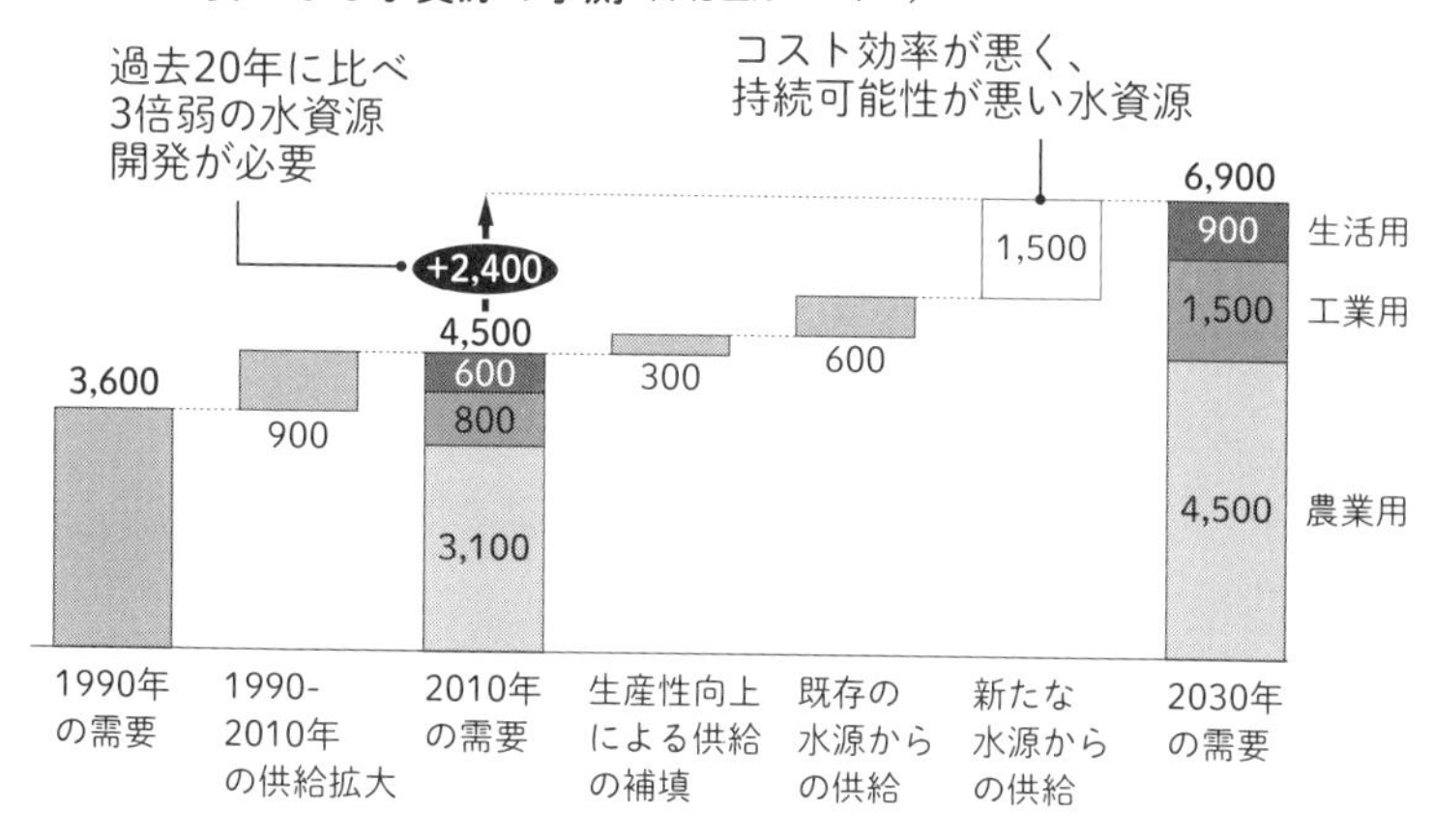

資料：2030 Water Resources Group; マッキンゼー

農業が引き起こす土地の荒廃と水資源の枯渇

最後に環境のマクロエコノミクスを見ましょう。農業をするためには土地が必要ですが、世界を見渡しても農地に転用できる土地は決して多くはないのが現状です。その上、浸食や地質の低下、土地の砂漠化など、農地に適していた土地でも何らかの荒廃が進んでいるという事実もあります。

水も枯渇すると言われています。二〇三〇年までの水資源の需要予測では、二〇一〇年をベースに考えても、過去二〇年間の三倍弱の水資源開発が必要となります（図表1－

図表1-21 耕地面積の大規模な拡大が求められるようになる

世界で必要となる耕地面積の予測（百万ヘクタール）

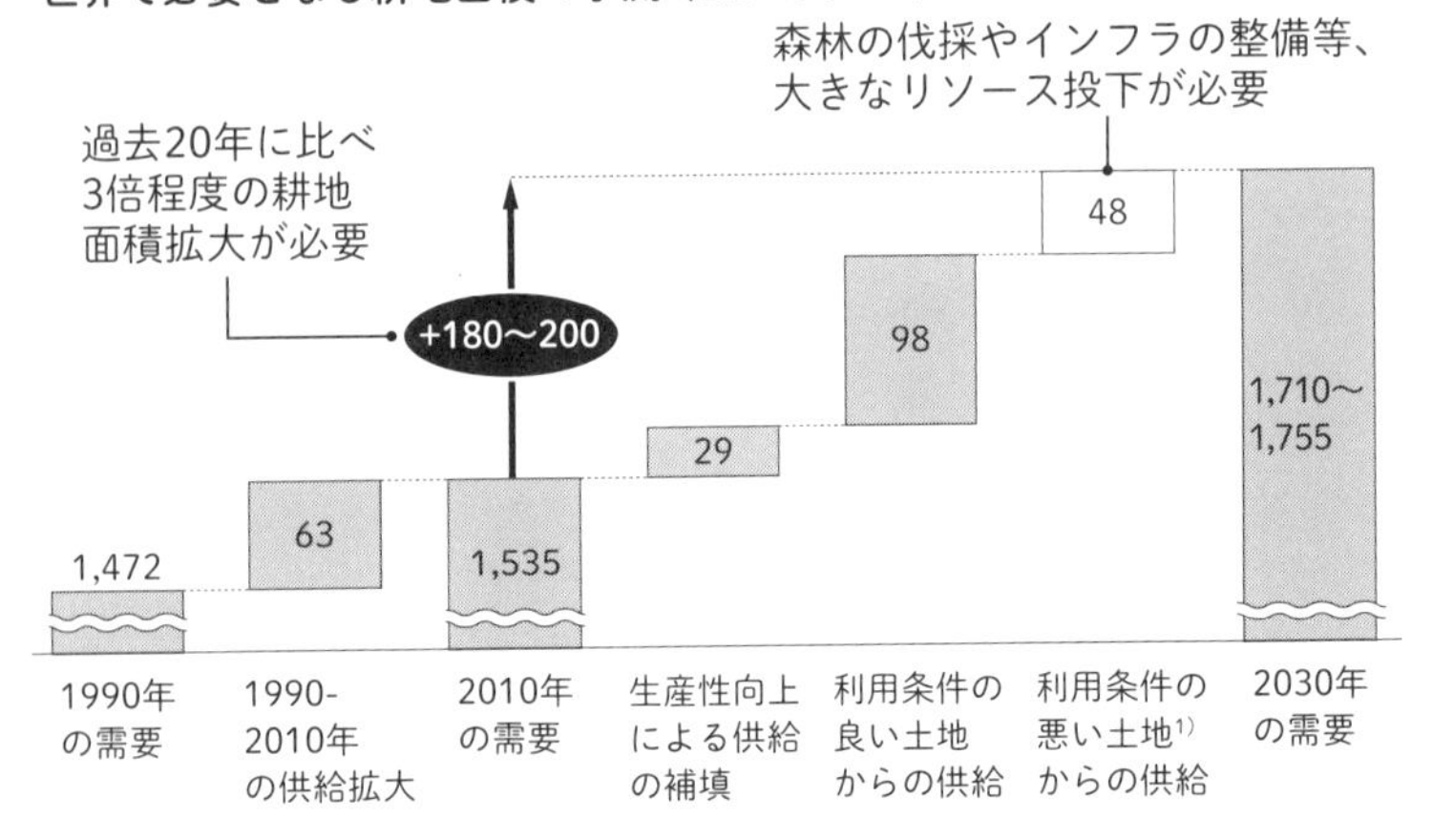

注：1）現在の利用用途、港湾施設からの距離、居住人口から耕作地への転換が困難と思われる土地

資料：International Institute for Applied Systems Analysis、UN Food and Agriculture Organization、International Food Policy Research Institute、Intergovernmental Panel on Climate Change、Global Land Degradation Assessment、World Bank、Fischer and Shah (2010)、マッキンゼー

20)。

二〇三〇年に必要となる水は、六兆九〇〇〇億立方メートルと予想されています。この需要に応えることは可能なのでしょうか。

今後生産性向上や既存の水資源からの供給を考えても、供給量の増加は九〇〇〇億立方メートル［生産性向上による供給の補填（三〇〇〇億立方メートル）と既存の水源からの供給（六〇〇〇億立方メートルの和）］が限度で、残りの一兆五〇〇〇億立方メートルが不足するかたちとなります。

そこで新たな水源を探すことになるのですが、海水から真水を作り出すといった、かなり強引な手を打たないと水が確保できないことになります。しかしこうして得た水資源は、コスト効率が悪く、持続可能性も低いものと言えます。

同様に、農地も足りなくなります（図表1－21）。水の場合と同様に二〇一〇年の一五億三五〇〇万ヘクタールをベースに考えると、このまま行けば、二〇三〇年には耕地が四八〇〇万ヘクタール不足すると予測されます。

これらの分析は、土地の荒廃や水資源の枯渇が現実として起こり得ることを示しています。食料生産に必要となる水資源や農地の準備、技術開発の継続および環境保全型農業の推進の重要性を理解するための、重要なファクトと言えるでしょう。

第2章

農業の未来を変える技術革新

農業分野では近年、テクノロジーや遺伝子工学における発展に目覚ましいものがあります。テクノロジーとしては、温室ハウス内の温度や湿度、二酸化炭素濃度などの栽培状況をモニタリングし、トマトやイチゴといった作物ごとに最適な環境を作り出す自動環境制御もあれば、ドローンやロボティクスを用いた圃場のモニタリングや、施肥、農薬散布といった農作業の自動化も進んでいます。

遺伝子工学においては、ゲノム編集技術（Genome editing）が登場し、遺伝子組換え植物とは異なる手法でいくつかの作物が実用化されようとしています。海外の例にならい、日本でもこの分野での規制が整備されてきました。また、バイオ製剤（Biologics もしくは Biologicals）についても各企業の取り組みが進んでいます。

本章では、これらの新技術に触れつつ、今後の農業の進むべき道を示す事例について紹介することとします。

農業の方法を根本から覆すアグテック

近年、従来の農法、農作業を抜本的に変えるような農業テクノロジー（アグテック：Ag＋Tech）が登場しています（図表2－1）。

すでに米国や南米では、農業プロセスの多くで、次世代農業技術の普及が始まっています。農地の計画から種の選択、土壌の肥沃度やpHの管理、播種の時期、深度、そして栽培

図表2-1 **従来の農業の延長線的な改善技術にとどまらず、農業のやり方・未来の生産者の仕事内容を抜本的に変えるような技術革新が誕生している**

データ取得	●センサーが栽培環境の水分・温度・肥料濃度（N、P、K比率）等を、作物栽培のレシピに沿って最適化する技術が誕生 ●圃場の画像取得・スキャニングおよび画像解析を活用し、作物の生育状況をモニタリングするサービス
水分および栄養管理	●雨水の効果的利用による灌漑コストの低減 ●N（窒素）の流出を防止 ●遺伝子工学および種子交配による農作物の形質改善 ●農場の排水、土壌および水の浄化用のナノテクノロジー ●バイオ製剤
機器の自動化	●ドローンによる農薬散布等の精度向上。4Kカメラを活用し、圃場における植物の画像情報を取得。それにより、植物の状況に適した、最適な肥料・農薬を散布（VRT：Variable Rate Technology） ●圃場見回りをドローンが代替する等、労働力の削減 ●植物の定植間隔等を含む、栽培の最適化、判断材料を生産者に提供
決定支援ツール	●リアルタイムの農場および天候情報にもとづくビックデータによる栽培リスク軽減・判断 ●一元化された管理センター（農場以外の拠点）へのデータ集積 ●天候早期警戒情報システム、気候モデル、クラウドコンピューティング、アドバンスドアナリティクス
サプライチェーンのデジタル化	●透明性の高い情報交換および取引 ●eコマース、トレーサビリティ

出所：マッキンゼー

図表2-2　農業プロセスの多くの分野において、次世代農業技術の影響・普及が始まっている

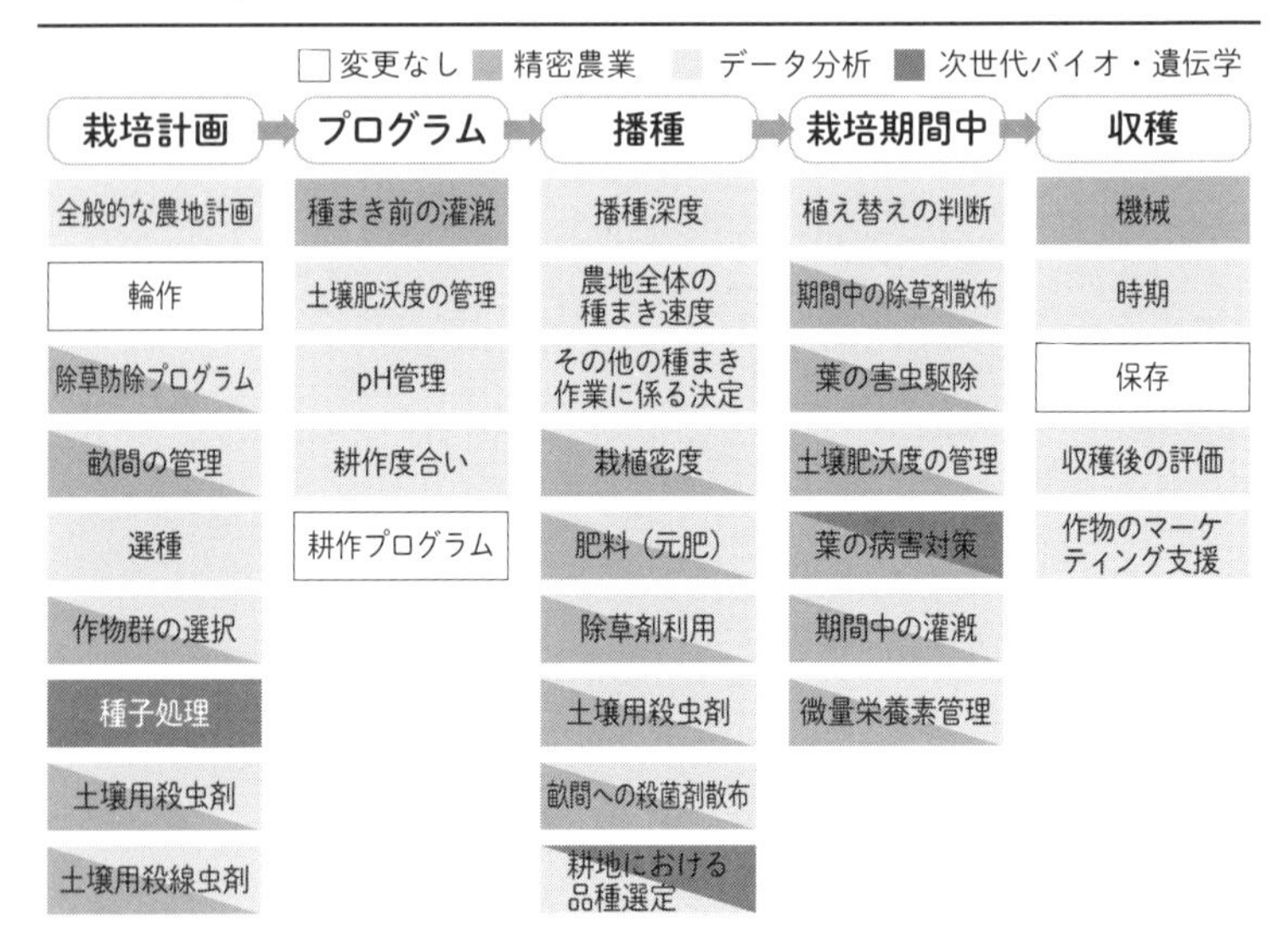

出所：マッキンゼー

期間中の植え替えの判断や除草剤の使用・害虫駆除、最後に収穫の時期と収穫後の評価まで、すべてデジタルデータの支援を参考にしつつ、農業を行っています（図表2－2）。

図表2－3は、いくつかのアグテックについて、米国での導入状況を見たものです。例えばGPS自動操縦という自動運転のトラクターや収量モニターなどは、米国では六〇％を超える農家で採用されています。いま最も注目されているVRT（Variable Rate Technology）も、半数近くの農家が導入しています。

図表2-3 米国の農家はすでに多くの次世代技術を取り入れている

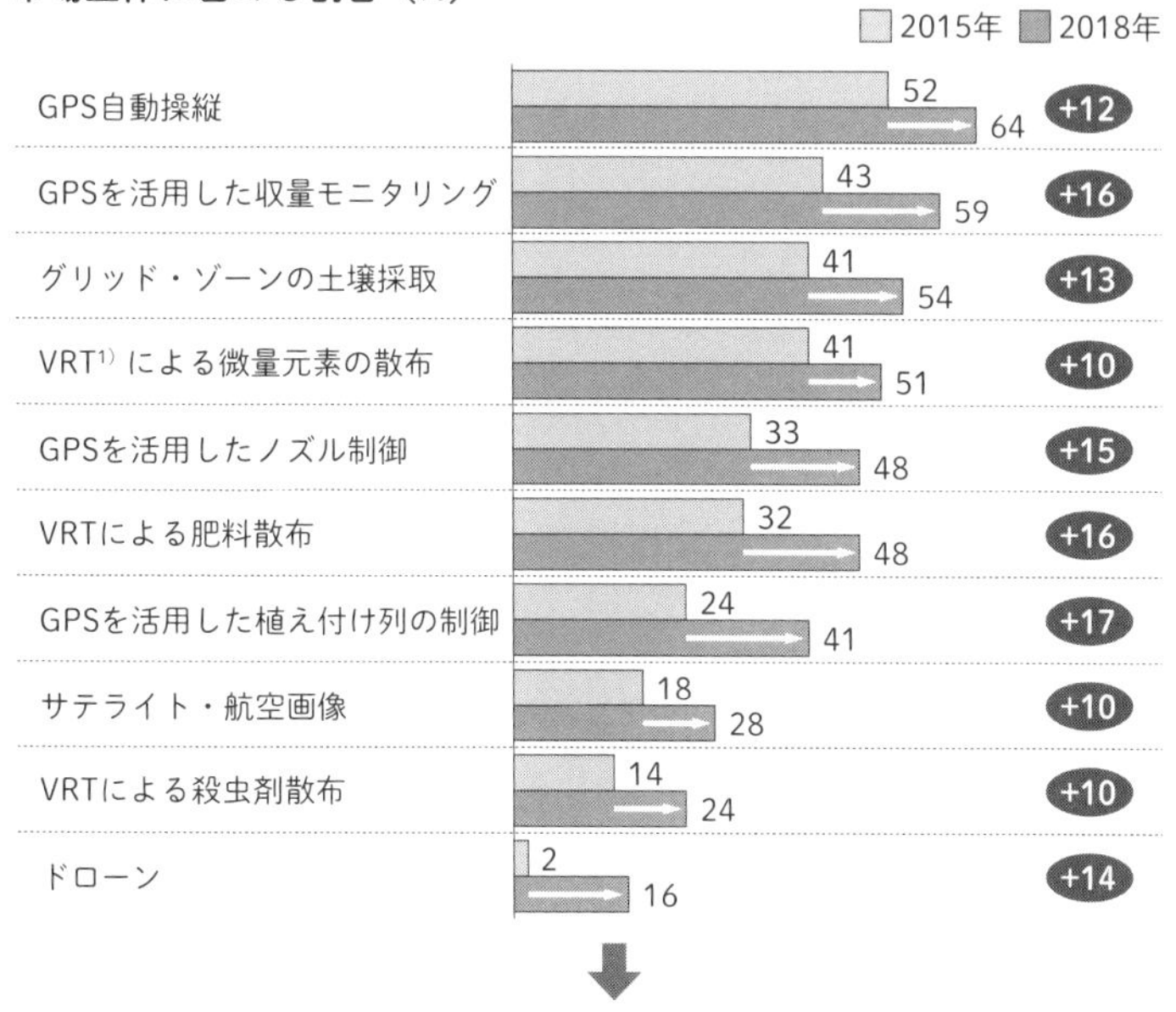

- GPS自動操縦および収量モニターはすでに米国の農場に広く採用されている
- 次なる採用の波はVRTが見込まれる
- 2015年時点で市場浸透率が低かった技術も、今後、急成長が見込まれる

注：1）Variable Rate Technology：栽培エリアごとにインプット投入を可変・調整する技術
出所：マッキンゼー

図表2-4 ベンチャーキャピタルによるアグテックへの投資は記録的なペースで伸びており、2018年10月時点で209件、1.7億ドル。2017年の実績に追いつく勢い

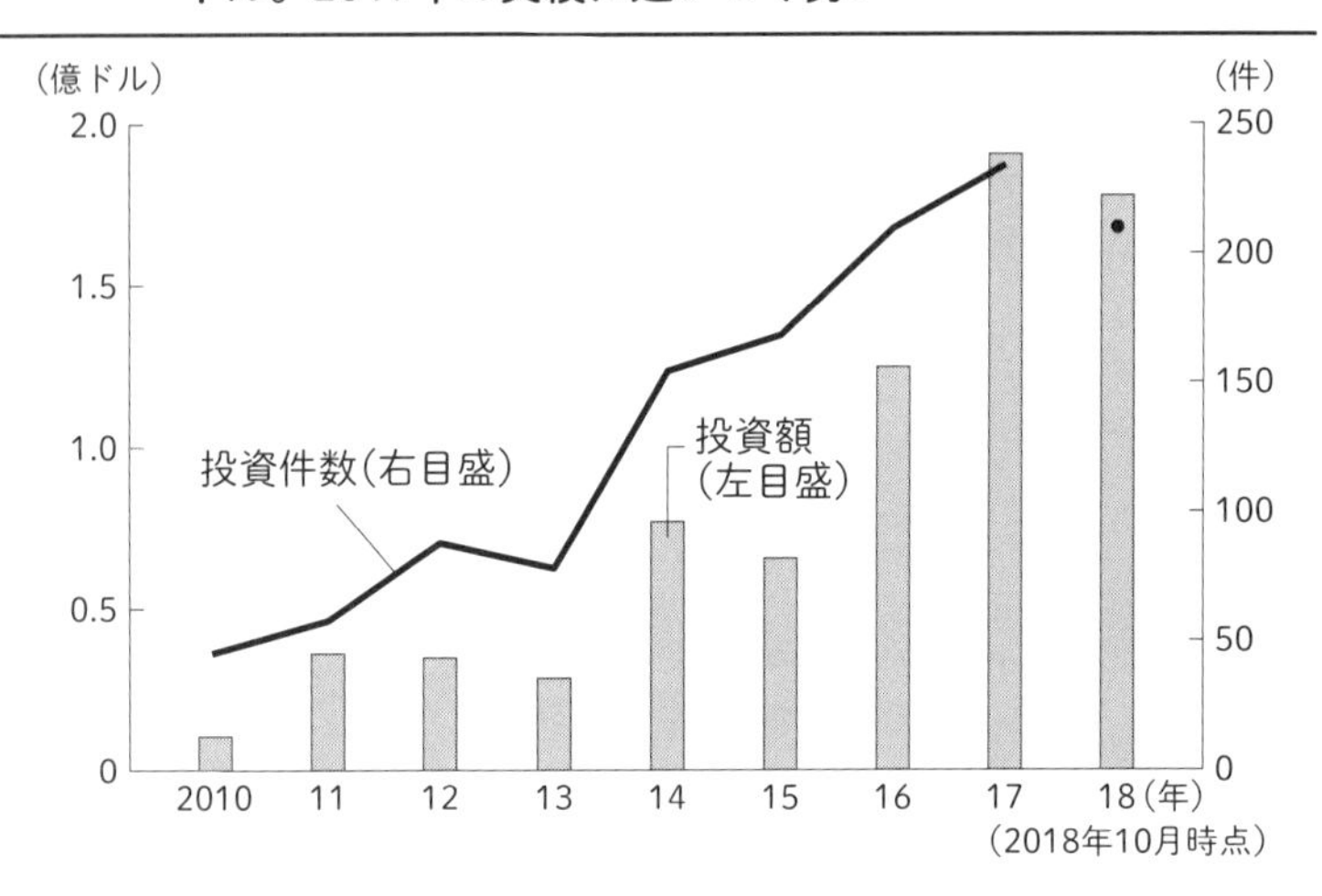

資料：AgTech Investing Report 2018

ＶＲＴというのは、畑に水や肥料、農薬を均一に散布するのではなく、より厳密に、栽培エリアごとの状態に合わせて投入物を調節する技術です。これにより、環境への負荷が低減するとともに、肥料・農薬の使用量を抑えてコスト低減につなげることができます。

こうした新技術は、スタートアップ企業を中心として、次々に登場しています。同時に、ベンチャーキャピタルによるアグテックへの投資額も記録的なペースで伸びていることからも（図表２－４）、アグテックへの期待が非常に大きいことがわかります。

残念ながら本書ですべてのアグ

図表2-5 農業向けIoT分野における３つの主要トレンド

		現在のトレンド
① モニタリングおよび播種 	モニタリング	●**ドローン**などの最新テクノロジーにより空撮作業を削減 ●高品質な**スペクトル画像**
	播種	●ドローンを用いた**遠隔播種**（森林地など）
② スマート農業設備 	精密農業	●最適な生育パターンとの偏差を（最新の土壌センサー技術にもとづき）**自動で検出**
	ロボティクス	●栽培、モニタリング、収穫のための**自動化ロボット**
③ 農業向けAI 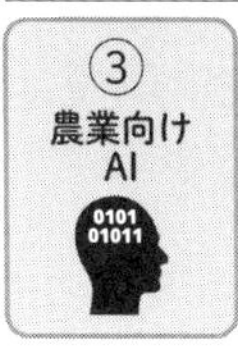	予知・予測	●あらゆる気象条件における**収量予測などを通じた農業の最適化**
	農業管理	●**農業管理および家畜の群管理展開のための最新システム**、および最適化へ向けたソリューションの提案（状態、パフォーマンス、予想される障害の提示など）

出所：マッキンゼー

テックを紹介することはできませんので、三つの主要なトレンドについてのみ考察します（図表2－5）。三つのトレンドとは、①圃場のモニタリングや播種に活かすリモート技術、②精密農業・自動運転・ロボティクスといった設備型技術、③生産者の判断を助ける農業向けＡＩです。

時間と労力を低減するドローン

ひとつめのトレンドは、カメラ付きドローンで作物の状態を検知したり、さらにその機能をベースに播種等を行ったりする技術です（図表2－6）。

ドローンの活用場面は、大きく

図表2-6 **カメラ搭載のドローンにより、農地および森林地のライブモニタリングが可能になるとともに、播種、肥料散布などを自動化**

	詳細	予想されるメリット
モニタリング 	●カメラ付きドローンを用いて作物の状態を**検知**し、水、肥料、農薬が必要な農作物を把握	⊕生産性を向上 ⊕水、肥料、農薬の使用量およびコストを削減
播種	●カメラ付きドローンを用いて樹木等の状態を**検知**し、最適な次回播種地を決定 ●播種機搭載のドローンを用いて、種まきを実施	⊕森林地状態のライブモニタリングを実施 ⊕森林管理コストを大幅に削減

出所：マッキンゼー

分けて二つあります。一つは、モニタリング（圃場の見回りや異常の検知）。もう一つは、種まき、肥料の散布、害虫の駆除です。

農家の人は、一日の作業時間の五〇～六〇％を畑の見回りに費やすと言われています。

さらに言えば、頻繁に巡回を繰り返し、圃場の外縁部はつぶさに見ることができても、圃場の中央部付近まではなかなか見ることが難しいのが現実です。ドローンの登場により人間の労力を省き、なおかつ中央部付近の様子を見ることが可能になりました（図表２－７）。

他のドローンの活用場面としては、森林における播種技術がありま

図表2-7 ドローンを用いた圃場モニタリングの実例（テレフォニカ社）

ドローン技術の農業利用	メリット
●**農作物の生育状況を監視** ー 迅速かつ安価に農作物の生育状況をトラッキング ●**肥料管理** ー 赤外線サーマルカメラにより、土壌の硝酸濃度を追跡 ー データ解析により肥料の必要量を特定できるため、コストの最小化が可能 ●**灌漑（水資源）** ー マルチスペクトルカメラ、もしくは熱センサーにより、乾燥地帯または改良が必要な農地を特定 ●**健康状態評価** ー 農作物の健康状態を評価し、病原菌の感染等を検知	●タイムリーかつコスト効率よく広大な土地を監視 ●GPSの位置情報計測ツールを通して自動化 ●農業従事者による低価格での利用が可能

出所：テレフォニカ社ホームページ、「テクノロジーレビュー」ホームページ

図表2-8 ドローンを用いた播種作業の実例（ドローンシード社）

ドローンを用いた精密林業

- 土地調査
- 除草剤の散布
- 播種サービス
- 森林管理のためのマッピングおよびモニタリングなど、ライフサイクル全般にわたるサービス

- データ画像化のための調査フライトにより、現地の3Dモデルを作成
  - 樹木が生育しやすいマイクロサイトを特定し、特注設計の種子カプセルをドローンが投下
- プログラム（植樹など）に沿ったドローンの自動飛行が可能なフライト計画を作成
  - 1時間当たり800個の播種が可能

必要コストは手作業のわずか10%

出所：ドローンシード社ホームページ

す（図表2－8）。これは米国ですでに実用化されています。データ画像化のための調査フライトにより現地の3Dモデルを作成し、樹木が生育しやすいエリアを特定した上で、そこに特注設計の種子カプセルをドローンが投下するというものです。この新しい播種技術により、コストは従来の十分の一に削減されました。

コラム

リモート技術で世界に先駆けた日本企業

世界に先駆けたリモート技術を持つ日本企業として、OPTiM社を紹介しましょう。

この会社が提供しているサービスに、ウエアラブル端末の活用があります。リモートアクションという遠隔作業専用のスマートグラス（眼鏡）を着けることで、目の前の農作業の状況を、遠隔にいるベテラン農家に伝え、リアルタイムに指示を受けられます。作業支援や作業記録に応用される技術です。

また、ドローンの技術も提供しています。上空から圃場をデジタルでスキャニングします。そうして蓄積されたデータを解析して、病害虫による被害を早期発見するとともに、生育状況の管理を行うことを可能にしています。また、夜間、虫の集まる青色ライトと高電圧極を取り付けてドローンを飛ばすことによって、農薬を使わずに物理的に害虫を駆除できるようにしています。

自動飛行による圃場の撮影と、AI（人工知能）による画像解析、病害虫の発生ポイントへのピンポイント農薬散布を組み合わせることで、農薬使用量の低減も実現しています。

OPTiM社のもう一つの狙いは、低農薬での栽培をブランドとして確立し、収穫物（コメや大豆等）を高い価格で販売することです。同社は、ドローンによるピンポイント農薬散布で栽培した米を「スマート米」として販売しています。

進化を遂げたトラクターの自動運転技術

アグテックのもう一つの大きな流れとして、精密農業・自動運転・ロボティクスといった設備型技術があります（図表2－9）。

無人トラクター、無人コンバインによる自動耕耘、自動刈り入れがそれです。GPSを使って圃場の位置情報を捉え、そのデータに従ってAIが機器を制御する自動操縦システムの運用が広がっています。本章の冒頭でも述べたように、米国では、こうしたGPS自動操縦によるトラクターやコンバインの運用、収穫量モニターは六〇％を超える農場で採用され、もはや「新」とは言えないほどに広まっています（図表2－10）。

図表2-9 精密農業やロボティクスにより、肥料や水などの最適化および生産性の向上を実現

	詳細	予想されるメリット
精密農業	**農作物の生育および異変に対する遠隔管理** ● **土壌センサーおよび／または航空画像**を用いて農作物管理を一元化 ● 生育率予測または品質パラメータとの差異を**自動検知**および警告	⊕肥料および水の使用量を削減 ⊕作物収量を向上 ⊕農業活動のさらなる自動化
ロボティクス	**散水、肥料散布、収穫の自動化** ● 極めて詳細なマップおよび航空画像を用いて操縦を行うGPS搭載トラクターを活用 ● 遠隔管理が可能	⊕燃料の使用量を削減 ⊕人件費を削減

出所：マッキンゼー

図表2-10 自動運転トラクターの実例（eFarmer社）

アプリケーション	メリット
トラクター向けGPSナビゲーション： ● eFarmer社が提供するアプリにより、農業従事者はトラクターを自動で前後左右方向に操縦するとともに、作業記録を継続的に保存することが可能 **自動記録管理：** ● 詳細かつ正確な農作業データを管理し、データ入力の手間を削減	**モバイルおよびウェブ：** **すべてのデバイスとクラウドでデータを安全に同期** ● 運用情報を直接現地マップに挿入し、データを後からオフィスで処理することが可能 ● データはすべてクラウドに保存され、あらゆるデバイスからいつでも入手可能 **チーム管理：** **タスクの割り当ておよびコラボレーション** ● 農業従事者の従業員管理サポート ● 作業情報を現地記録に自動で追加 **農地データ分析：データ主導の農地管理アプローチ** ● eFarmer社がデータを分析し、農地管理に関するレポートを作成

出所：eFarmer社ホームページ

自動運転によるメリットとして、その時間を使って人は別の仕事ができるということがあります。もう一つのメリットは、これまで人が運転していても高度な運転技術が必要だった、刃が地面に入る深さを土壌の変化に合わせてコントロールすることが、できるようになったことです。

耕作地は、当然ながら地面の状態が均一ではありません。土の固いところもあれば柔らかいところもあります。この硬軟の土を、耕す刃をロータリーでコントロールすることによって、均一に水はけの良い畑を作ることに自動運転技術においては成功しています。

自動運転に残る課題

何もかもがうまくいくような話になりましたが、GPS自動操縦にはまだ克服しなければならない課題があります。

一つは、畑でも田んぼでも耕作地を囲む畦があって、この畦を自動で越える技術は発展途上ということです。車体を耕作エリアに入れさえしてしまえば、あとは自動で動いてくれるのですが、隣のエリアに移るために畦を越える際は、人の操縦で動かさなければなりません。

広大な土地を持つ米国やカナダは言うに及ばず、フランス、ドイツ、オランダなどの欧州の諸国に比べても圧倒的に農家当たりの耕作地が小さい日本では、導入によってその効果を十分に発揮し生産性を高めるまでには至っていません。

もう一つは、ＧＰＳの価格です。自動運転を行うためには二つのＧＰＳを付ける必要があります。一つは、車体がいまどこにあるかを読み取るＧＰＳ。もう一つは、土に入れる刃の深さをコントロールするための、刃の位置と車体とを結ぶＧＰＳです。後者のＧＰＳが非常に高価なものになります。場合によっては、トラクターやブルドーザーの車体と同程度の価格となるため、自動運転導入の大きなネックになっています。

次世代の農業技術つまりアグテックの導入は、人間の仕事を奪うことを目的とはしていません。無人運転のトラクターは夜でもそのまま稼働します。見回りドローンも夜に飛ばして農薬や肥料を散布するなど、人間に次の仕事のための作業をしてもらうという考え方が主流です。

農家の方が、難しい管理や計画などのより高付加価値な仕事に時間を使うために、見回りや農薬散布のような部分はすべて機械に任せていくというのが、世界のトレンドとなってきています。

牧牛管理にもＧＰＳを活用

ＧＰＳの利用としては、自動操縦の他に牧牛の管理があります。

一人の農家が管理できる牛の頭数は、育成管理の形態にもよりますが、三〇～五〇頭くらいまでと言われています。それを超えると、群れのなかで異常を起こした個体を見つけにくくなるのです。

例えば、群れのなかで膝をついて動かない牛がいたとします。動かない原因が病気もしくは怪我だったならば、それを見つけられなければ、その牛を失ってしまう可能性があります。

それを防ぐためには、群れのなかの牛一頭一頭を現場に出て、観察し続ける必要があります。変わった動きはないか、動かなくなった牛はいないかと見守り続け、異常を発見した場合には即座に手当てをするのです。その観察と手当ての限界点が三〇〜五〇頭というわけです。

畜産を大規模に展開にしようとした場合、五〇頭を限界としていては商売になりません。しかし牛を増やすとなれば、見守る人員も増やさなければなりません。コストがかかります。

そこで登場したのが、ＧＰＳテクノロジーの応用です。牛にＧＰＳ機器を付けて、人に代わって群れを把握・管理しようというものです。牛の病気の大きなものに、歩行障害があります。動いていない牛（場合によっては病気が原因かもしれない）をＧＰＳで発見することで、対策が打てるというわけです。

人手に代わるロボティクス

さらに別の設備型技術として、ロボティクスが挙げられます。農業の負荷を軽減するエクソスケルトン（重いものを持ち上げられるようにするためのスーツ）や、収穫用のロボットがこれに該当します。

米国カリフォルニア農業会連合が二〇一七年に実施した調査によると、七〇％近くの農家が労働力不足を訴えており、果樹およびワイン用ブドウの生産者にとって最も深刻な問題になっている、という状況が浮かび上がりました。そこで、収穫用ロボットの導入を進めることになり、現在では着々と実現しています。

ＡＩのサポートによる栽培環境の最適化

生産者の判断を助ける農業向けＡＩや圃場の自動環境制御、つまり、アグテックを導入することで得られる、圃場の栽培環境の最適化について見てみましょう（図表２－11）。

達人の農家は、例えば温度や日照、そして時期により二酸化炭素濃度などもコントロールして圃場を最適の状態に保つようにしています。達人の農家と同じような栽培環境（ベストプラクティス）を作る手助けをする技術も登場しています。基本的には、圃場の土壌や環境などの情報を取り、そのデータにもとづいて調整した肥料や水、農薬、二酸化炭素

図表2-11 AI（人工知能）を活用した予知・予測および農機管理により、ベストプラクティスの農業を実現

	詳細	予想されるメリット
予知・予測	**土壌および農地の特性に合わせたインプット** ● **農地の経済的利益予測** ● **土壌品質診断**および改良案の提案 ● 数量、間隔等を規定する**最適なインプットミックスの作成** ● あらゆる気象条件における**収量予測のシミュレーション**	⊕ **生産性**を最大化 ⊕ **作物収量の予測精度**を向上
農機管理 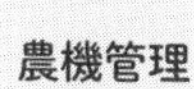	**パフォーマンス、予想される障害と、運用の最適化へ向けたソリューションを提示** ● 農機および重要設備の**所在地および状態**（待機状態、運転中、技術的障害の発生など）のリアルタイム表示 ● 予定された運用に対する**実際の運用パフォーマンス**	⊕ **機器のアップタイム**を最大化 ⊕ ダウンタイムおよび**ロジスティクスを最適化**

出所：マッキンゼー

を与えることで、ベストプラクティスの栽培環境を再現するというものです。

Prospera社の例を見てみますと、同社のセンサーは植物個体のデータ、温度および湿度を収集し、照射する光を計測し、データが送受信されます。収集されたデータをもとに、農作物の生育と生産量をモニタリングし、将来の収量予測のためのモデル構築に使用されます。その結果、AI（人工知能）により当該作物に最適な生育条件および、収量の予想が可能となります。

日本でもソフトバンクやルートレック・ネットワークスなどの会

社がこうしたサービスを展開しています。日射量、土壌水分量、土質データをセンサーから取得後、深層学習させたＡＩを使って作物ごとに最適に計算された水分量・施肥量の投入を自動制御で行うもので、これらのシステムの成果は着実に出てきています。

アグテックがより受け入れられるための条件

米国では多くの農業プロセスで次世代技術の普及が始まっていると述べましたが、さらなる拡大を目指すうえで課題もあります。そこで米国において、生産者に「技術導入・拡大時に障壁となるポイント」を問うたアンケートの結果が出ています。そこに表れているのは、農家の抱くＲＯＩ（投資対効果）への不安でした（図表２－12）。

農業従事者は、これまでテクノロジーを使わなくても立派に農業を営んできました。つまり、精密農業（Precision Agriculture）を導入する場合は、より高収益が確証されないと導入には踏み切れません。追加投資したら飛躍的に収入が増えるのか、本当に割が合うのか、という不安が障壁となって導入が進んでいないのです。

農家の投資対効果への不安という、メンタルなバリアを突き崩すのはなかなか難しいものがあると思いますが、アグテックの活用をさらに推し進めるためには、本当の意味で、農業の生産性向上に役立つアグテックを見極め、生産者から技術の信頼を勝ち取っていくしかないと考えられます。

図表2-12 **精密農業の導入において、障壁となるのは生産者の収入への負担やROIの低さ。技術の導入を拡大するためには、これらを解消したうえで、生産者からテクノロジーへの信頼を勝ち取っていく必要がある**

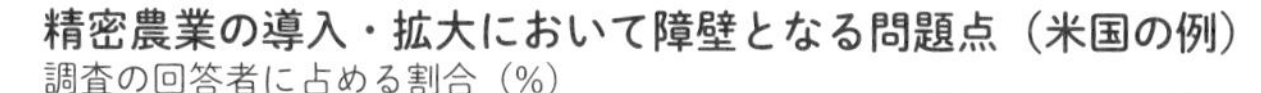

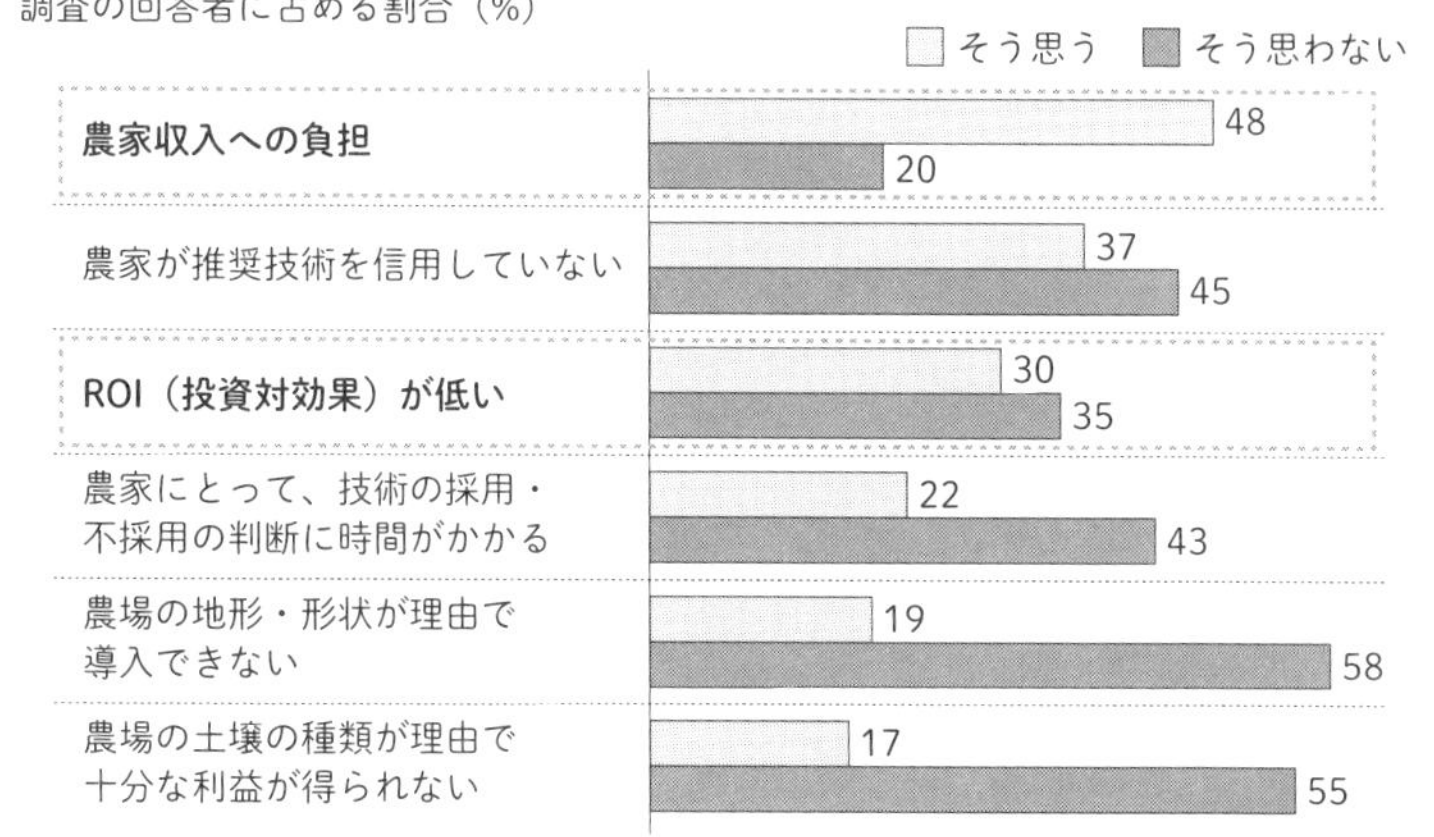

出所：マッキンゼー

ゲノム編集という画期的技術

今、一番注目されている技術のひとつにゲノム編集があります。本来、その個体が持っていない遺伝子を外部から導入する遺伝子組換えとは異なり、もとの個体のゲノムに変異を誘導することで細胞の特性を変える技術です。二〇一九年三月に、届け出を行えばゲノム編集植物の市場流通が可能になることを、厚生労働省が決定しました。ゲノム編集技術で開発した食品に表示を義務化しない方針が出されています。そのため、今後農業への適用が広がると期待されています。

ゲノム編集には、いくつかの手法があり、そのうち最もよく使われている技術はCRISPR－Cas9（クリスパー・キャスナイン）と呼ばれる方法です。獲得免疫が関係しています。例えばインフルエンザにかからないように、予防接種をしてインフルエンザワクチンを体に入れると、人間の体にはインフルエンザに対する免疫ができ、罹患を防御します。このように、動物に後天的に獲得する免疫があることは、誰でも知っていることですが、細菌には獲得免疫がないと言われていました。

しかし近年、研究が進んだ結果、これまでは獲得免疫がないと思われていた細菌にも、特定のファージ（細菌にかかるウイルスをファージと呼ぶ）にかからない細菌がいて、これらは何らかの方法で免疫を獲得していることがわかったのです。

免疫は、先天的に持っているものではなく、後天的に獲得されるものです。このことから、細菌はウイルスにかかったことを記憶しているということになります。そこで、どのように記憶しているのかが、研究対象になりました。

ウイルスにかかる細菌と同種のウイルスにはかからなくなった細菌は、どこが違うのかを、両者のDNAを比較して調べた結果、ウイルスにかからなくなった細菌のDNAには、ウイルスのゲノム配列の断片が挿入されていることが発見されたのです。

つまり、細菌のゲノムのなかにそのウイルスのゲノム配列を刻み込むことで、そのウイルスの侵入を見つけることができ、ウイルス配列を認識して、切断する機能を持つようになりました。そうすることによって、ウイルスに感染しないようになるのです。

この発見には二つの要素があり、どちらもノーベル賞級と言われています。

一つは、いままで獲得免疫を持たないと考えられていた細菌という生物にも免疫があることを発見したこと。

もう一つは、配列特異的に遺伝子（この場合はウイルスの配列）を認識し、切断できる手法を発見したことです。これを使えば、狙った配列の遺伝子を機能しなくさせることもできるようになります。これがゲノム編集のひとつであるクリスパー・キャスナインの原理です〔なお、ゲノム編集には、大きくZFN（ジンク・フィンガー）、TALEN（ターレン）、CRISPR（クリスパー）の三つの手法があり、本章ではクリスパーに言及している〕。

ゲノム編集技術により広がる農業の可能性

農業の可能性を拓く技術の一つとして、どのようにゲノム編集が活用できるかを見ていきます。

例えば、これまで黄色だった花を、黄色い色素を生み出す遺伝子を機能しなくさせることで、別の色に変えることができます。同様な例として、デカフェというカフェイン抜きのコーヒーが挙げられます。現状ではコーヒーの製造過程からカフェインを抜く作業を経

図表2-13 モデル生物以外の、トマトやコーヒーの木、バナナ、マダイにおいても適用可能。アグリビジネスへの大きな影響が期待される

ゲノム編集の長所			今後可能になる応用
正確性・効率性	従来の変異原処理を用いた育種では、ゲノム上の狙った位置に変異を入れられなかった CRISPR-Cas9を用いたゲノム編集では配列特異的にゲノムに変異を入れるため、正確でハイスループット	➡	●栄養価の高いトマト ●カフェインを抑えた(Decaf)のコーヒーの木 ●収量の多いイネ ●病原菌への耐性を持つバナナ ●肉付きのよいマダイ等
対象作物の汎用性	遺伝子工学で一般的に用いられるモデル生物（例：シロイヌナズナ）だけでなく、一般の農作物に適用可能		

出所：マッキンゼー

て作られていますが、もしゲノム編集を使って、カフェインを作る遺伝子自体をなくした場合、カフェインを除く工程を経ずともデカフェのコーヒーを生産することも、理論的には可能になります（図表2―13）。

農業への広い適用を考えると、病原菌に耐性を持つ作物、温度変化に強い作物、水をあまり必要としない作物など、いろいろな可能性が考えられます。

今後に期待――環境に優しいバイオ製剤

バイオ製剤とは、生物もしくは生物由来の成分から作られた製剤で、作物の生長促進や病害虫の駆除に用いられます。

グローバルではBiologicsやBiologicalsと呼ばれ、日本では生物学的製剤とも呼ばれます。本項では、「バイオ製剤」という表現を用います。

図表2-14 バイオ製剤が農業分野全体に拡大している

特許取得済みバイオ製剤[1)]

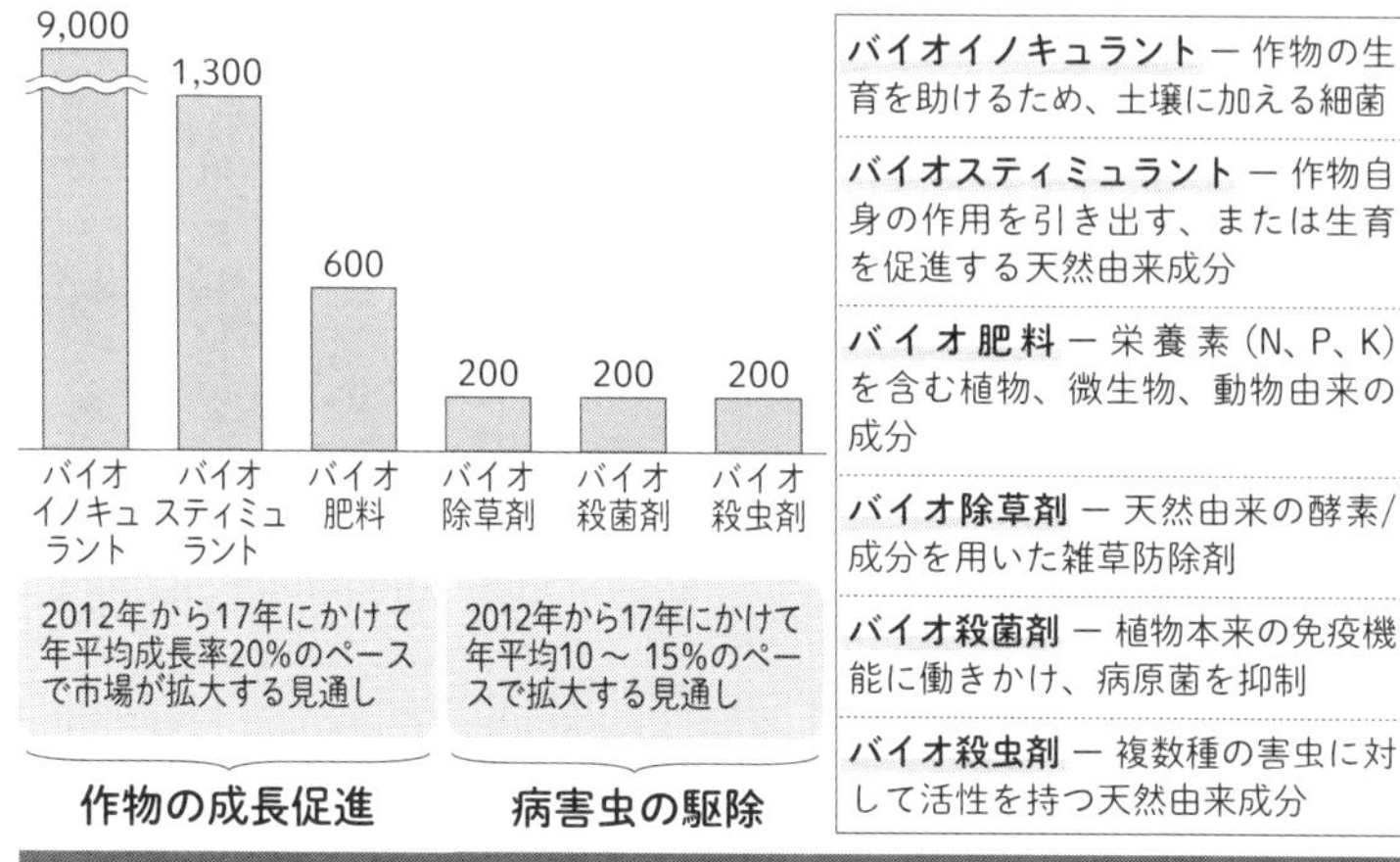

従来の農薬類に代わる薬剤として大規模な開発が進行中

注：1）Innography社により実施された特許調査にもとづく概算
出所：Innosource patent searches; Marrone Bio Innovations、EBIC、EPA、Biostimulant Coalition、Piper Jaffray research

開発されているバイオ製剤をいくつか紹介しましょう（図表2－14）。

バイオイノキュラントは、栽培土壌に加えると植物がよく育つという、研究室で培養されたバクテリア等です。

バイオスティミュラントは、同様に植物の成長を促進するものですが、こちらは天然由来で、採取した菌などを使っています。

図表2－15は、コンセントリック社の複合微生物の例を示しています。図からもわかるように、このバイ

図表2-15 ケース事例：コンセントリック社の複合微生物コンソーシア

●概要

- コンセントリック社は、特許取得済みの発酵プロセスを使用して、生産性を高めるバイオスティミュラント（バイオ系植物成長調整剤）を提供（まず**イチゴ、トマト、レタス、ブロッコリー**）
- **微生物コンソーシア**の価値を引き出し、耐病性の向上、生育期間の短縮、土壌の質の強化を実現

●インパクト

市場性の高い生産

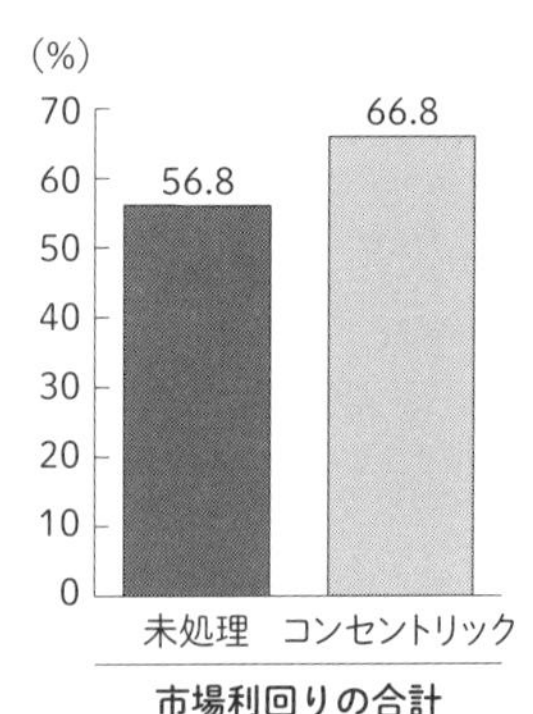

●収穫日別の累積純利益

1エーカー当たり（米ドル）

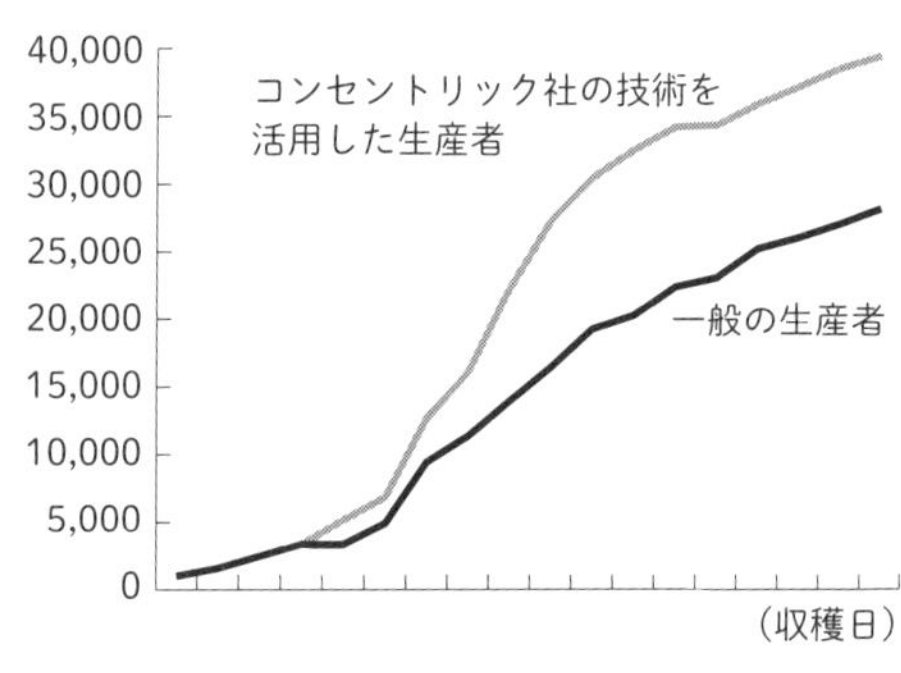

●独自の生産プロセス概要

- 純粋培養から微生物株を育成
- 株のグループ化、組み合わせにより、独自の種培養を作成

- 種培養を3週間以上発酵させ、特殊な微生物生成物を生産

- 独自の分離プロセスにより、バイオスティミュラント「**アクティブ**」を濃縮し、製品を生産

出所：コンセントリック社ホームページ

図表2-16 農薬・種子のグローバル・プレイヤーの近年の動き

	近年の動き	注力している技術分野	製品の種類
DuPont	2017-DuPont PioneerはEvogeneと提携し、トウモロコシを守り、産出量を最大化するマイクロバイオームベースのバイオスティミュラント種子処理製品の研究開発を行うと発表	● 種子処理	● —
	2017-カラギーナン製造工場を含み、FMC Health and Nutritionを買収	● —	● 海藻抽出物
WinField United	2016-バイオスティミュラント2種類を発売 ● 幅広いバイオスティミュラントであるOptify/Stretch ● 生理活性化合物であるAcadian Seaplants社のToggle	● 葉面散布	● マンニトール ● 多糖類 ● アルギン酸塩
Syngenta	2017-ValagroはSyngentaと契約を締結し、トウモロコシおよびヒマワリにかかる非生物的ストレスを制御するEPIVIO™ Energyを2018年に発売	● 種子処理	● —
	2017-種子処理生物製剤の開発に向けてSeedcare Institute に2,000万ドル投資	● 種子処理	● —
FMC	2015-中国での販売拡大に向けてValagroと販売契約を締結	● 葉面散布 ● 種子処理	● 植物抽出物 ● 藻
	2015-洪水対策の強化のため、乾燥地域の作物向けにバイオスティミュラントを開発	● —	● —
Monsanto	2014-MonsantoおよびNovozymesはBioAgアライアンスの下、微生物資材によるソリューションを開発 ● 2016-Acceleron B-300 SATがトウモロコシの圃場試験で優れた結果を出したと発表 ● 農家がMonsantoの製品を試すことができるBioAdvantage Trialsと称するプログラムを開発	● 種子処理	● 真菌
Bayer	2017-Bayfolan CobreおよびBayfolan Aktivatorの独占販売契約をSicit 2000と締結すると発表	● 葉面散布	● アミノ酸 ● ペプチド
	2017-Ginkgo Bioworksと共同で窒素固定微生物の操作に重点を置く新会社を立ち上げるために1億ドル調達	● —	● 微生物
	2014-生物的種子処理企業であるAcquires Biagroを買収	● 種子処理	● —
Koch	2016-Regalia Rxを米国の条播作物市場に投入し、大規模生産向けにRegalia Maxxをカナダで販売する契約をMarroneと締結	● 葉面散布 ● 種子処理	● 植物抽出物 ● 藻
	2016-根圏細菌をベースとする植物成長促進剤を開発するPathway BioLogicに投資	● —	● 根圏細菌

出所：各企業ホームページ

オスティミュラント（バイオ系成長促進剤）の投与によって明らかに生産性が向上しています。現在、コンセントリック社の他にも多数の化学品メーカーが、バイオ農薬分野への投資等を行うようになっています（図表2－16）。

バイオ肥料は、マメ科の植物などに多いもので、菌を入れておくことにより窒素を作りやすくさせます（窒素固定）。

バイオ除草剤は雑草の防除剤で、菌で雑草を殺します。バイオ殺菌剤は菌で菌を殺す場合や、植物本来の免疫を高め病気にかかりにくくする場合があります。バイオ殺虫剤は菌で虫を殺すものです。

図表2－14の右の表の上三つが、天然由来成分（菌など）を入れることによって植物の成長を助けるもので、下の三つが病害虫の防除に用いるバイオ農薬です。

バイオ農薬の未来と課題

バイオ農薬は、現在の市場規模こそ二〇〇〇億円ほどですが、二〇二六年には九〇〇〇億円にまで成長すると言われています（図表2－17）。その成長の要因となるのが、残留農薬レベルを低減させる必要が高まっている生産者側の需要と、環境負荷の低減や自然に優しいなど、有機農法に関心を寄せ始めた消費者側の変化です。

ただしバイオ農薬には、越えなければならない課題が残っています。

図表2-17 病害虫の駆除に用いるバイオ製剤（バイオ農薬）

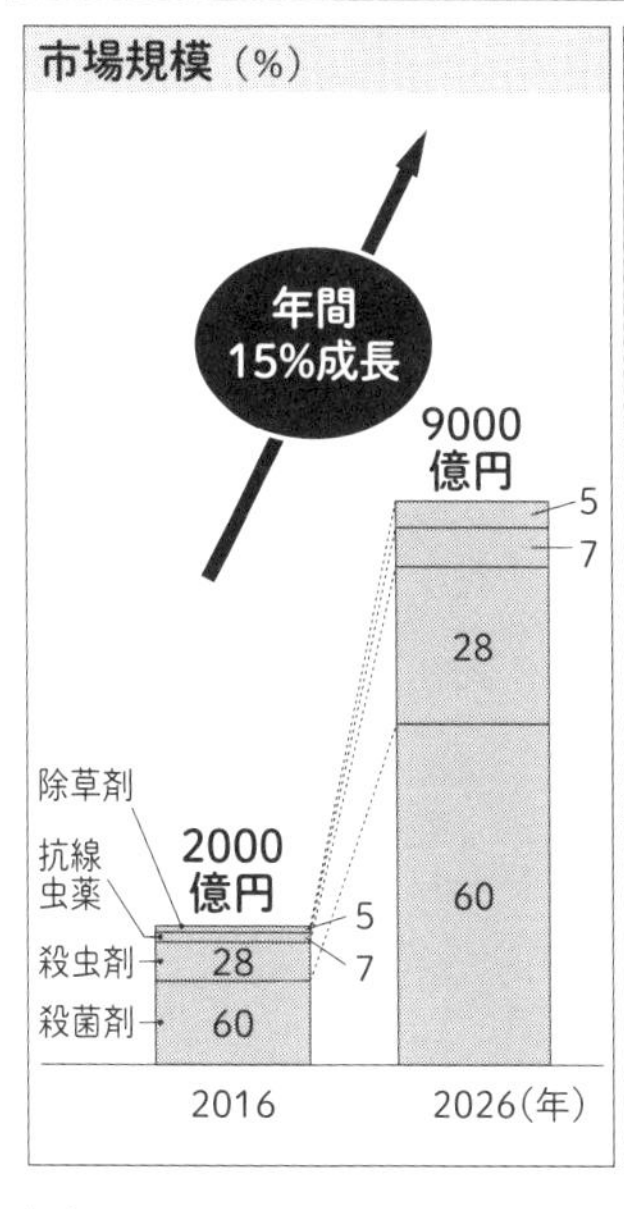

市場およびセグメントの概要

- 現在の市場規模は推定20億ドルであり、今後2ケタ台の成長を遂げ、2026年までに90億ドルに達すると予測される
- 構成は、バイオ殺菌剤（～60%）、バイオ殺虫剤（～28%）、バイオ殺線虫剤（～7%）、バイオ除草剤（～5%）
- 主に青果および観賞用植物で使用されている

市場拡大の成長要因

- 先進市場および新興市場の双方で、農薬の消費および社会の認識が変化
- 規制による圧力が増加（例：残薬量の規制の厳格化）
- 技術が成熟するにつれ、農薬散布面積が徐々に拡大

今後のイノベーションの可能性

- 以下の要因をクリアすることで、さらなるイノベーション
  - 効能の安定化
  - 対象スペクトラムの拡大(例：作物・地域を横断)
  - 利便性の向上（例：棚での保存期間、作物保護プログラム）。理想的には、さらなる低コスト化

出所：Marrone Bio Innovations、EBIC; EPA、Biostimulant Coalition、Piper Jaffray research

一つは、効能のアップです。害虫駆除力では化学農薬に後れを取っています。また駆除対象となる害虫も限られているため、このスペクトラムの拡大も急務です。

もう一つの課題は、バイオ農薬が生物なので倉庫や店頭の棚での管理がとても難しいという点です。例えば害虫を食べてくれる虫を撒くためには、虫が孵化して飛んでいくタイミングを計って農薬を管理しなければなりません。生物なので、タイミングを見極めて出荷する必要があります。

このように、在庫の管理もしくは生物農薬それ自体の管理が非常に難しい点も、バイオ農薬拡大の障壁と考えられます。

しかし逆に考えれば、このような障壁をブレイクスルーすることにより、一気に拡大する可能性も期待できるということです。その意味からも、環境保全型農業の代名詞とも言えるバイオ製剤は、今後、より注目すべき対象であると言えます。

第3章

政策・規制の変化が農業に及ぼす影響

米中の貿易摩擦の激化が世界の農産物の動向にも大きく影響したように、世界の農業は輸出入を通じてつながっているため、一国の政策転換、規制の強化・緩和、政情の変化などの政治的要因によって流れが大きく変わることがあります。

本章では、国の政策・規制が農業にどのような変化をもたらすかを見ていきます。食糧需要が急増する中国の国内事情や米中貿易摩擦などが世界に及ぼす影響などを確認し、同時にゲノム編集作物への各国の規制や農業のサステナビリティ（持続可能性）についての取り決めについても確認します。

中国のトウモロコシ輸入と補助金政策

中国で生産量が最も変化している農産物のひとつはトウモロコシです。これは今後も続くと見られています。

大豆は基本的に輸入頼りですが、輸入の多くが貿易摩擦を起こした米国とあって、今後ブラジルなどへの傾斜を強めることも考えられます。また、コメに関しては現状維持で推移し、大きな変化はないと思われます。

トウモロコシ需要の伸びの原因の一つとして、食肉需要の高まりにより飼料の需要が急増していることが挙げられます。経済が成長し、中間所得層が拡大するにつれて国民の食生活にも変化が生まれ、肉の消費量が大幅に伸びる傾向があることは、先進各国が示して

図表3-1 中国のトウモロコシは北部の幅広い地域で生産され、国内消費量が増加するなか、生産増により高い自給率の維持に貢献してきた

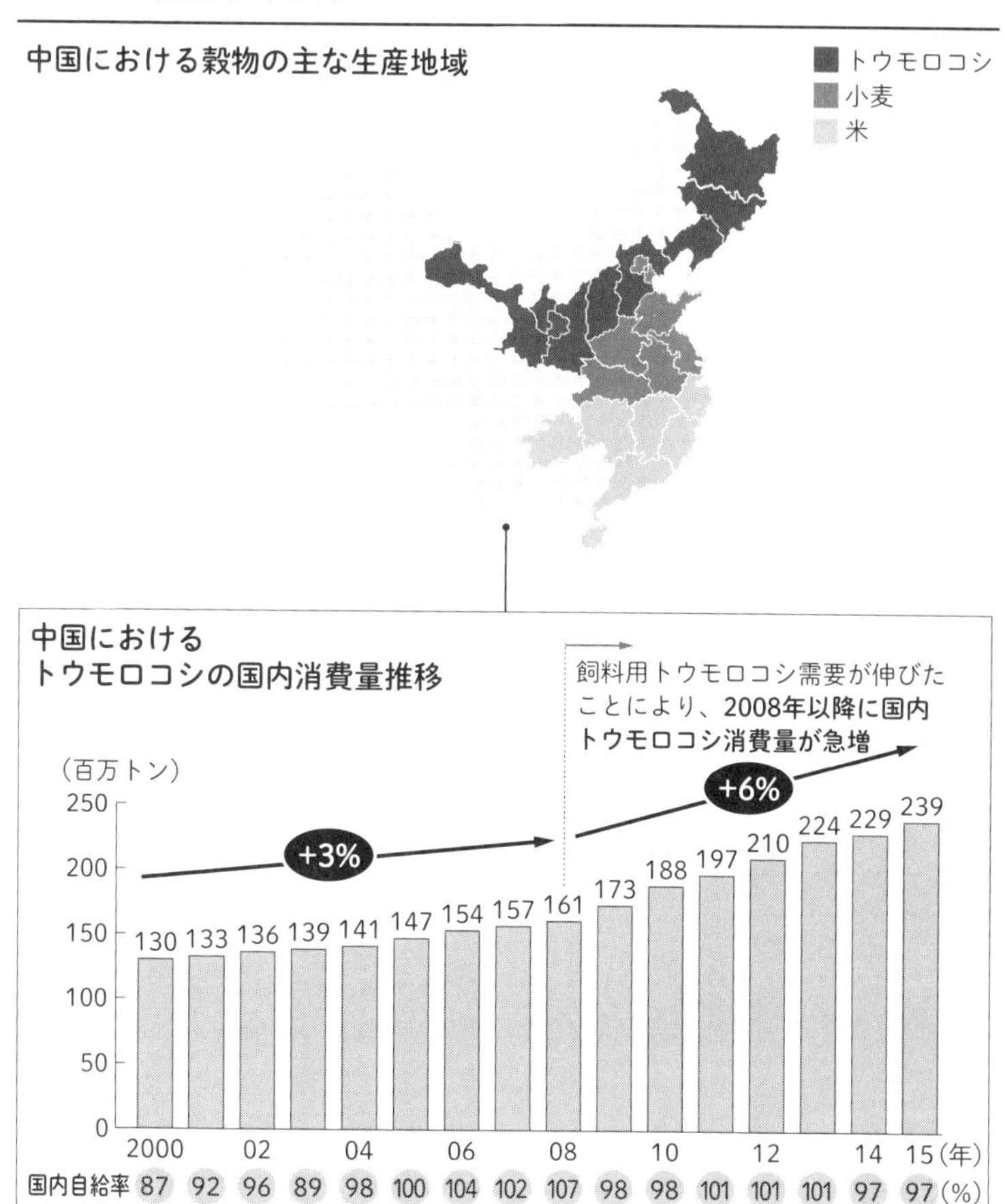

資料：USDA FAS World Markets and Trade、FAOSTAT

きているところです。中国もこの例に漏れず、肉需要の高まりを見せています。そうなると、肉牛などの飼料となるトウモロコシが今まで以上に必要になり、生産量も飛躍的に伸びていきました。

中国の飼料用トウモロコシの需要を見ると、二〇〇八年からの七年間で六％の伸び（年平均成長率）を記録しています（図表3－1）。中国政府は、このトウモロコシ需要に対応するため、輸入を増やす政策に転換します。

もともと中国のトウモロコシは、北部の幅広い地域で生産されています。国内消費量が増加するなかでも生産増で高い自給率を維持してきた農産物の一つですが、増え続ける需要に追いつかなくなり、ついに輸入に踏み切ったわけです。

しかし、同時に、輸入品のトウモロコシが、価格競争力の弱い自国産を圧迫する結果を生むようになり、都市部の市民と農業従事者との収入格差の広がりが顕著になってきたこともあって、農業を捨てて都市へと向かう農民も増えてきました。近年では、国内農業は縮小傾向を示す状況に至っています。

そこで政府は、高い穀物自給率を維持するために、補助金を出すなどして国内農業の保護・振興に努めるようになったのです。そして、輸入量が増えるにしたがって補助金も大きく膨らむことになっていったのです（図表3－2）。

その結果、輸入品に比べて競争力の低い国内農業を保護するコストは、二〇〇七年の最

図表3-2 都市部との収入格差により、国内農業は近年縮小の危機。高い穀物自給率維持のために、中国政府は政策的に国内農業を保護・振興してきた

トウモロコシ生産者価格とトウモロコシ含む雑穀類の輸入量推移

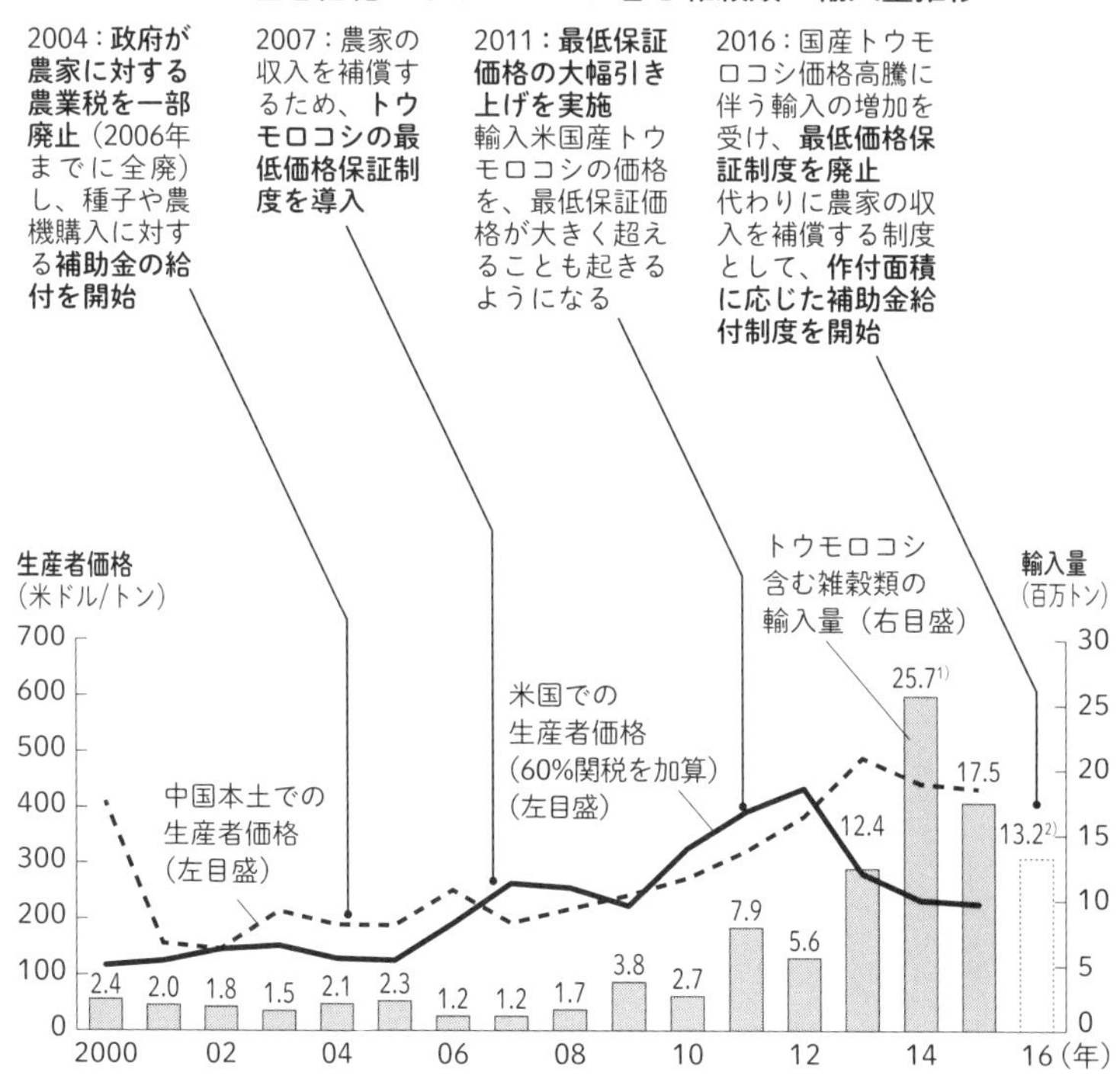

注：1）2014年は国内消費量が伸びた（前年比2%増）一方で、国内生産量が減少（前年比1%減）。この影響により国内での自給自足ができなくなり（トウモロコシ含む雑穀類の自給率が101%から97%に低下）、雑穀類の輸入が特に増えた

2）2016年10月～17年1月のデータにもとづく年間輸入量予測

資料：FAOSTAT、USDA FAS World Markets and Trade、マッキンゼー

低価格保証制度導入以降急増し続け、政府の財政を圧迫して補助金支給を続けられなくなりました。二〇〇七年の段階ですでに、農業補助金の政府総支出に占める比率が一％後半となっています。

補助金支給にはもう一つの理由があります。前述のように、経済成長が始まると人々がこぞって北京や上海などの中心部に集まり、農業の担い手が少なくなってしまいました。中国政府としては、農業を捨てて都会に出ていかないようにするために補助金を支給していたのですが、その結果として、米国の約三倍にもなる破格の生産者価格を生み出してしまったのです。

競争力の低い国内農業を保護するコストは想定以上に大きくなりました。そのため、中国は保護政策を緩和して、トウモロコシの輸入を本格化する兆しを見せています（図表3－3）。

もし中国が、三倍安価な米国からのトウモロコシ輸入に転換した場合はどうなるか。中国の総需要の二〇％を輸入に頼ると方針転換しただけで、その量は米国の輸出量の八〇％に達することになります（現状の米中貿易の関係では考えにくくはありますが）。米国のトウモロコシがすべて中国に行ってしまえば、日本へのトウモロコシの供給量は減ってしまう、買えなくなる、といったことも考えに入れておく必要があります。

図表3-3 競争力の低い国内農業を保護するコストの高騰を受け、保護政策を緩和してトウモロコシの輸入を本格化する兆しを見せている

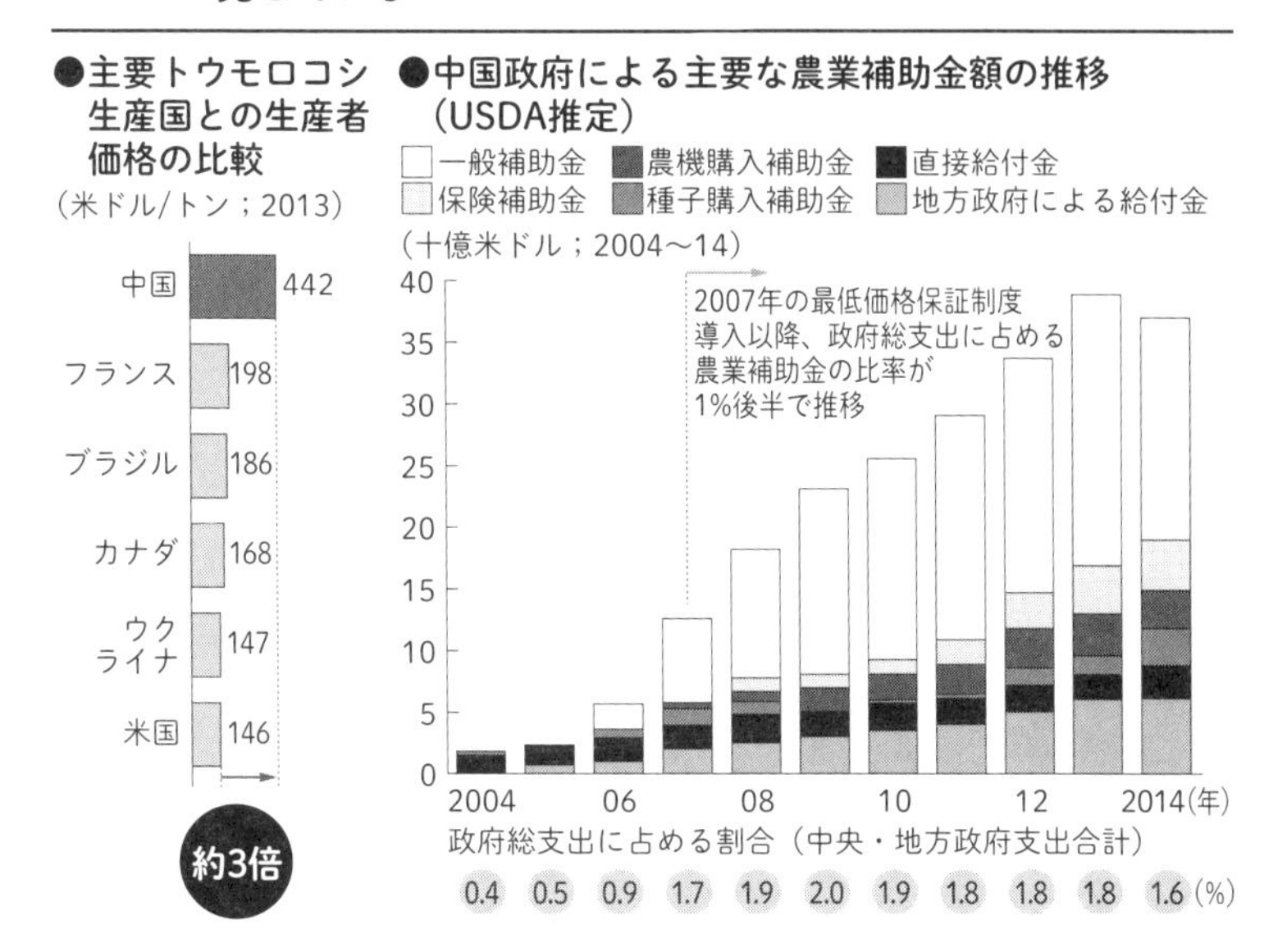

出所：FAOSTAT、USDA、マッキンゼー

世界に多大な影響を及ぼす中国の政策転換

先ほど述べた、肉食の拡大という食生活の変化がもたらしたトウモロコシ生産の急増も、補助金政策の行き詰まりの一つの大きな要因になったと言えます。

生産者側に立てば、どんなものを作ろうと、結局は高額な補助金が手に入るとなれば、誰も品質やコスト、効率など、目指さなくなります。ある意味、マーケットメカニズムが働いていない環境での生産活動、と言うことができます。

補助金を支給する中国政府としても、国内農家の保護・支援のためと補助金支給を続けてきたものの、それがあまりに莫大になってしまい、このまま続ける財政的余力がなくなってきているのが現状です。

中国が保護政策の転換を図る可能性があるのではないか、トウモロコシの輸入量を大幅に増やすのではないか、というのが現在の議論のポイントになっています。中国がトウモロコシ輸入に本格的に参入とでもなれば、世界の輸出入バランスが大きく崩れます。

補助金や関税政策が市場のダイナミクスを変える

図表3－4に示すトウモロコシのコストカーブは、上段は何もなかった場合のベースケース、下段が補助金があふれる世界を想定したものです。

図表3-4 補助金や輸出関税により市場のダイナミクスが変わることで、各国の競争上のポジションが入れ替わる可能性がある

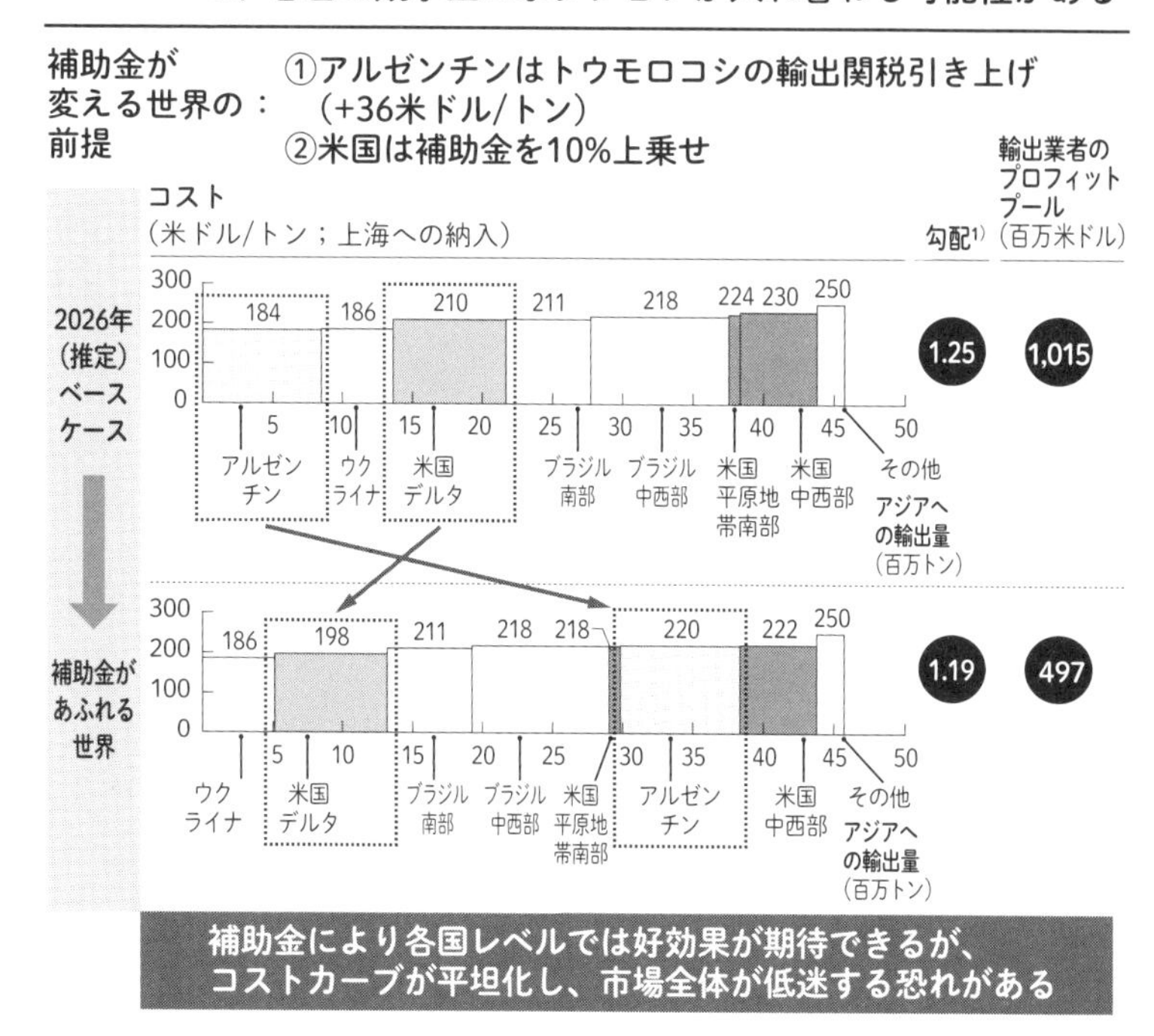

注：1）C90/C10として算出
資料：International Trade Center's Trademap

米国のトランプ大統領は、選挙を意識してトウモロコシ農家に補助金を出しました。補助金支給は、コスト低下につながるので、輸出市場では有利に働きます。ですからコストカーブでは、左側の安い方に移動します。

一方のアルゼンチンは、財政再建のため輸出品に関税をかけたため、輸出品の値段が高くなりました。今までは一八四ドルで上海に納入していたものが二二〇ドルになり、アルゼンチンのコストカーブ上の位置は、右の高い方に移動します。

このように平坦な農産物のコストカーブでは、わずかな補助金や関税であっても国の位置が右、左と変わる可能性があるのです。次に図表3－4の右の「輸出業者のプロフィットプール」を見てください。業者全体で価格に対してどれほどの利益額が輸出市場にあるかが、示されています。下段の補助金があふれる世界では、それが一気に縮みます。自国が優位を得るために取った政策によって、結局誰も得をしない、と言うより全体のプロフィットプールが半分以下に縮んでしまったのですから、どの国も損をした可能性もあります。

ちょっとした変化が輸出競争力に影響

次に、先に示した図表1－18（58ページ）のトウモロコシの欄をあわせてごらんください。これは、中国向けトウモロコシの輸出価格のコストカーブ（二〇一六年）です。アルゼンチンは最も低コストの一七八ドル／トンで左端に位置しています。

しかしアルゼンチンは国家の財政状況がひどく、ＩＭＦの勧告などもあって、前述のように再建策の一つとして輸出関税をかけることにしました。つまり、自国で生産したトウモロコシを輸出するときには、関税をかけることにしたということです。

例えば国内では一〇〇で流通しているものを海外に売るときには一二〇や一五〇の価格で売り、増分は政府が関税として受け取ることにしたのです。

その結果、図表３－４のようにアルゼンチンの輸出コストは二二〇ドル／トンに跳ね上がり、競争力を大きく落とすことになりました（二〇二六年）。

これに対して米国のデルタ地区には、トランプ大統領が選挙の票集めをするために補助金を支給しました。それまでは二一〇ドル／トンだった輸出コストが、補助金のおかげで一九八ドル／トンとなり、より低いコストで勝負できるようになったのです。

トウモロコシの場合には、図表３－４の上段と下段の比較でわかる通り、米国のデルタ地区は左に動いて二番目に低コストとなり、一方のアルゼンチンは一気に高コストになってしまいました。

関税導入や補助金支給などによって、産品の国際競争力は一気に変化するのです。

自国主義は業界全体の利益をも損なう

コストカーブに表れるこの変化からは、もう一つのことが言えます。

先の政策転換により、最も低い価格で輸出していたアルゼンチンが大きく右に移動し、低価格第二位となったとはいえ、米国のデルタ地区はアルゼンチンが抜けたために繰り上がっただけの状態になりました。

ここで、全体のプロフィットプール（業界全体としての儲け）を見てみましょう。コストカーブは、傾きがあればあるほど儲ける額が大きいことを表し、フラットになればなるほど儲からなくなります。

輸出価格は、コストカーブの最も右のブロックのコストで販売価格が決められるとすると、その線より下の部分の面積が業界としての取り分になります。

つまり、ベースケースで言えば、二五〇から一八四を差し引いた部分がアルゼンチンの儲けになり、二五〇から二三〇を差し引いた部分が米国中西部の儲けになります。

しかし、補助金や関税などで変化が起こると、たったの二ドルの差ではあったけれどもウクライナがトップにおどり出るなど国の順位が変わり、コストカーブの勾配が変わってしまいます。そうすると、全体のプロフィットプールの傾きがより浅くなって、業界全体の儲け、プロフィットプールが減少するという事態に陥ってしまうのです。

ここで指摘したいことが二つあります。

第一に、各国が自国の利益や都合ばかりを考えて政策を実行すると、それによって大きくコスト順位が入れ替わる可能性があるということ。

そしてより重要な二つ目が、政策実施前には予想もしなかった業界全体の利益を損なう結果を生む可能性も大きい、ということです。

自国の利益だけを考えて保護主義に走ると、こうした予期せぬ結果を生んでしまい、結局誰も得をしないような状況になってしまうことがあると言えるのではないでしょうか。

米国は、中国のみならずメキシコに対しても関税をかける貿易戦争のただ中にあります。中国が米国産大豆に二五%の関税を適用した他に、米国産豚肉への関税もメキシコが二〇%、中国が最大七〇%に引き上げるなど、それぞれの国から対抗措置が取られています。その結果、米国最大の輸出農産物である大豆の対中輸出は、二〇一八年年初比で八九%減少となり、豚肉の輸出もメキシコと中国それぞれへの出荷が三一%、三六%減少するという状況にあります。

そのため米国政府は、自国農家の損失補塡の意味で一二〇億ドルの税金を投じて補助金を出すなどの対抗策を講じていますが、出口の見えない意地の張り合いのような様相を呈しています。

食料安全保障に対する戦略が必要

食料安全保障を考える際に、今後どの国と手を組むべきなのか、アルゼンチンなのか中国なのか、いずれにしても海外から食料を調達する必要があるのなら、いくつかのシナリオを考えておくべきです。

例えば、もし米国が日本に対する輸出を制限するという現象が起きたら、日本はどこかと手を組まなければなりません。その場になってすぐに、というわけにもいかないので、今のうちに関係を築いておくことが重要です。

第1章でも紹介したように、ウクライナも鍵となる国と思われます。大耕作農業地帯を築いているので、注目すべき国かもしれません。今後の投資動向にも留意しておいた方がよいと思います。

中国は、トランプ大統領との関係で米国からの輸入が難しくなったため、ブラジルなどへの傾斜を強め、大豆の農地を持っている会社に投資するというかたちでプランテーションを作ったようです。

中国の中糧集団有限公司という国営の食料取引グループが、ブラジルでの展開を拡大しています。六万トンの貯蔵施設を、マットグロッソという大豆の大耕作地帯に作り始め、ブラジルの北東までトラックなどで運んで、地中海に向けて出航させるまでの物流ルートをかなり開発しているということです。

そもそも中国は、世界で輸出される大豆の六〇％を消費しているのですが、米中貿易摩擦では、中国側がトランプ政権に対抗して関税を上げたのが先で、米国はそのあおりを食って二〇一八年の大豆の対中輸出額が対前年比で八九％減ってしまいました。米国からの輸入に頼らないという意思の下に、次に大きかったブラジルのシェアを戦略的に増やしているという状況にあります。

アルゼンチン政府も、中国マネーに期待してかなりの量を中国に輸出しています。ブラジルもアルゼンチンも、国として市場の変化に応じて戦略的に動きを変えてきていると思われます。その戦略のベースにあるのは、先ほど述べたコストカーブです。データを裏付けに、どこと戦略的に手を組むか、自国を食べさせていくか、を考えているのです。

日本は、食料安全保障の思考が必ずしも強いとは言えません。どこと組み、どこから食料を得るのかについて、戦略を組み立てていく必要があります。

ゲノム編集とカルタヘナ法

ゲノム編集について考える際にまず、遺伝子組換えという技術について確認しましょう。これは、その個体が本来持っていない特性を持つ別の遺伝子を、外から個体に入れてその特性を持たせるというものです。外から入れる遺伝子のことを、外来遺伝子と呼びます。外来遺伝子の特性次第では、野生の（土着の）動植物に外来遺伝子が広がったり、影響を与えたり、生物の多様性に影響を与える可能性があるため、国際的な規制の枠組みが定められています。

遺伝子組換えは、カルタヘナ法をはじめ、各国で規制の対象となっています。しかしゲノム編集は、ゲノム操作（ゲノム上の狙った位置に変異を誘導）によって遺伝子配列を変えるだけなので、外来遺伝子を移入していない場合や遺伝子およびその複製物が細胞内に残存しないことが確認されている場合は、カルタヘナ法に規定された「遺伝子組換え生物等」に該当しないという議論が起きています。

なぜ、ゲノム編集は遺伝子組換えに該当しないと考えるのでしょうか。我々が食べているコメの品種改良を考えてください。同じようなことをしているのです。

変異原という突然変異を起こさせる薬品〔例えば、EMS（エチルメタンスルホン酸）〕にイネを漬け、DNAを損傷させます。イネの個体によっては、もとのDNAの配列に戻るものと、DNA修復の過程で異なるDNA配列に変化するものがあります。

この新しくできたDNA配列をもったイネの個体には、よりおいしいコメ（ねばり気が強い等）が生まれる可能性があります。それを何度も繰り返して出てきた突然変異のおいしいコメが、新しいコメの品種になっているのです（なお、すべてのコメの育種がこの方法により生じているわけではありません）。

突然変異で出てきたものなので、どのように遺伝子改変されたのかもわかりません。遺伝子改変の結果、偶発的に新しい食味をもつ植物を生じさせるのが、育種という技術のひとつの方法です。

これに対してゲノム編集は、意図的に遺伝子の配列を変える方法で変異を起こさせるため、偶発的な要素は低いという位置づけになります〔ただし、オフターゲット（狙っていない遺伝子に変異が生じること）は、確認が必要です〕。

日本でもゲノム編集作物の実用化が期待される

米国とスウェーデンではすでに、従来の遺伝子組換えとは別物という手続きがなされるようになっています。日本でも二〇一九年三月に、届け出を行えばゲノム編集植物の市場流通が可能になると、厚生労働省が決定しました。食品表示についても、義務化せず任意の表示にすると消費者庁が発表しています。

ゲノム編集の応用には二通りあります。

一つは、先に述べたデカフェの木のように、もともと持っている遺伝子配列からある特性を潰すことによって、その特性を出させなくすることです。

もう一つは、栄養価の高いトマトや収量の多いイネ、肉付きのよいマダイのような、特性の強調です。そもそも遺伝子は特性を出す遺伝子と抑える遺伝子の両方を持っているので、特性を出す遺伝子を潰せばその特性はなくなります。逆に抑える遺伝子を潰せば、その特性はより多く出ることになります。

ゲノム編集の注目すべき点は、狙った遺伝子を潰せることです。これまでの遺伝子組換え技術は、狙った遺伝子に変異が入った個体を得る際に、数十万個体といった大量の植物（菌）を育て、そのなかから偶然狙った遺伝子に変異が入った個体を得る方法でした。そのため、生育の早いモデル生物で研究を行うことが一般的でした。植物であればシロイヌナズナというアブラナ科のモデル植物で実験し、非モデル植物（栽培期間が長い）で実用化するには、難しさがありました。その点でゲノム編集技術は、より多くの生物（細菌とヒトはすごく離れた存在ですが）において狙った遺伝子を潰せるため、商用作物での実用化が早いと言えます。ゲノム編集であれば、いきなりコーヒーの木、トマト、マダイから遺伝子を狙って研究がスタートできるため、実用化までの期間が短縮されます。

ここまで政策・規制の変化が農業に及ぼす影響を見てきましたが、ゲノム編集が可能な世界で問われるのは、結局日本はどういう農業を目指すのかであると思います。日本の農業としてどんな形質の作物を作らなければいけないのか、それが決まればそれに研究費を投じて生み出し、なぜゲノム編集技術を使わなければならないのかという説明が十分に人々になされれば、日本農業の向かう方針や避けたいリスクに対する認識も深まると思います。そしてそのためのゲノム編集の必要性にも、もう少し理解が進むのではないでしょうか。

持続可能な社会へ向けて必要となる消費者の努力

本書冒頭の「序に代えて」でも紹介したように、地球温暖化については現在、以下のような議論があります。

農業による二酸化炭素排出量（図表3－5）が、世界の急速な人口増加、一人当たり食料消費量の伸長（主に発展途上国）、食生活に占める動物性タンパク質割合の拡大・継続、といった要素によって増加している現実があります。このまま継続すれば、海面上昇等の被害を引き起こす状態です。

これに対応するためには、各産業における改善を行っていく必要があります。最新のパリ協定においては、気温上昇を一・五℃にとどめること（一・五℃シナリオ）が定められています。その実現には、農業からの二酸化炭素の排出を二三・四ギガトンから五ギガトンに抑える必要があります。目標達成には、もちろん農業生産者側のみならず需要者側の努力も必要となる（5ページの図表2）ことは、言をまちません。

具体的行動としては、バリューチェーン上流（生産）および下流（消費）における廃棄（フードロス）の五〇％削減や、人口の五〇％が動物性タンパク質の少ない食生活に切り

図表3-5 農業から排出される温室効果ガスの割合は高く、全産業の27%を占める

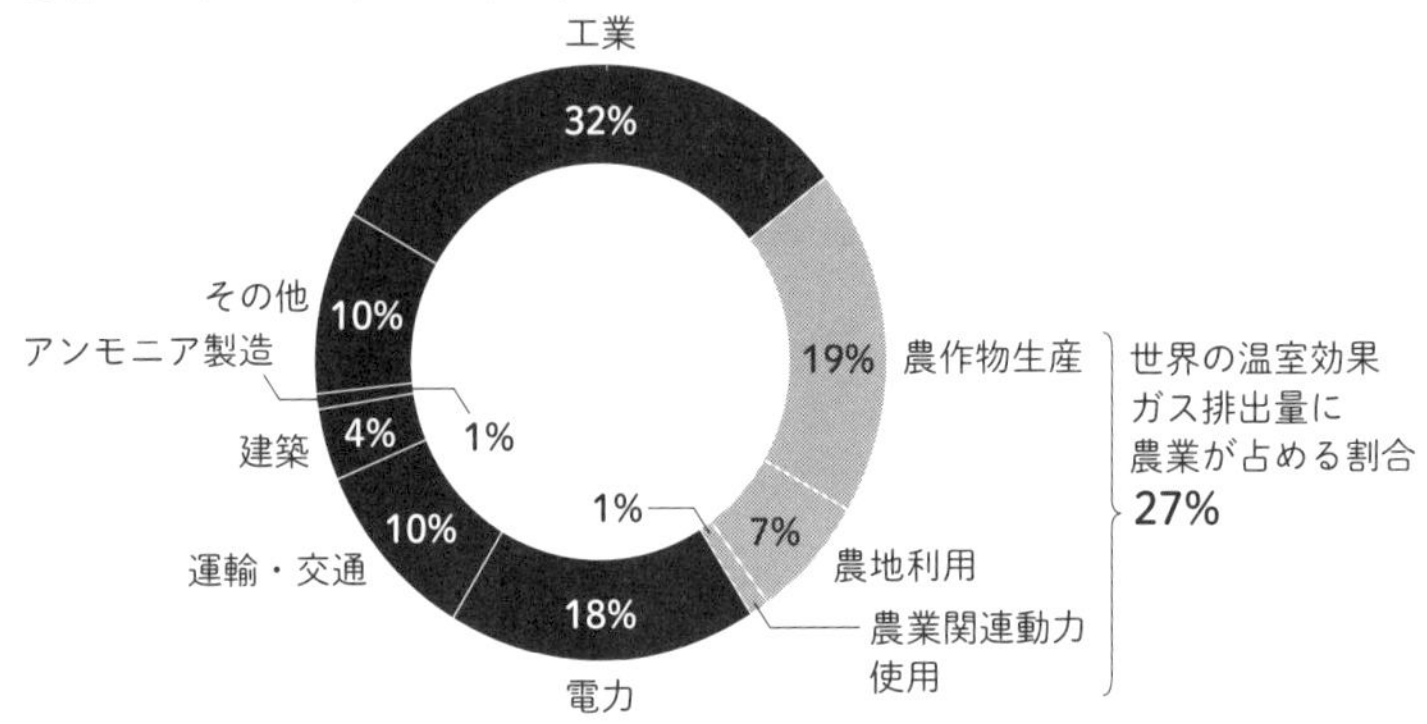

出所：World CO2 Emissions from Fuel Combustion OECD/IEA 2018; World Emissions of CO2, CH4, N2O, HFCs, PFCs, and SF6 OECD/IEA 2018;; FAOStat；マッキンゼー

替えるという多大な努力が必要となります。世界や日本の人々の理解を得つつ、進めるべき取り組みといえます。

この点については、次の第4章「食習慣・食生活の変化」で詳しく見ていきます。

第4章

食習慣・食生活の変化

日本の農業を取り巻く要素として、グローバルな食習慣の変化やソーシャルファクターの影響が考えられます。本章では、健康志向の高まりや、Meat 2.0などの食肉に代わる代替肉の登場、近年深刻化しているフードロスの問題などに注目します。

例えば代替肉は、今後一〇年以内に食肉市場でのシェアが一〇％まで拡大すると、「フィナンシャル・タイムズ」紙で報じられています。事実、マクドナルドやバーガーキングでも、代替肉の使用が検討されているようです。

日本農業が後手に回るのではなく、食習慣の変化やソーシャルファクターの動きをいち早く捉え、先手を打ち、投資を行うためのヒントをこの章では見ていきます。

先進国だけでなく、一部の新興国もカロリーを過剰摂取している

食肉生活の先進国である欧米を中心に、健康志向への意識が広がって牛肉離れが進んでいます。一方で中国などアジア圏の国々では、野菜中心の食生活から肉の消費量が増すなど、いずれも食習慣に変化が見られるようになりました。

「国の経済力が上がって国民の所得が増えると、それにつれて食習慣にも変化が起きて肉食の傾向が強まる」という傾向は、歴史的にも見られたものです。中国をはじめとしたアジアの国々に見られる最近の変化は、まさにこうした経済的要因による変化と言えます。

その結果、欧米などの先進国はもちろん一部の新興国の国民も、平均推奨値を大きく超

図表4-1 先進国と一部の新興国において、ほとんどの人々がカロリーを過剰摂取している

（%；摂取カロリーに占める割合、キロカロリー；1人・1日当たり）

平均推奨摂取カロリー[1]=2,300

地域	国	タンパク質	脂質	炭水化物	アルコール	摂取カロリー
北米	米国	12	39	45	4	(3,682)
北米	カナダ	12	38	46	5	(3,494)
欧州	ドイツ	12	36	47	5	(3,499)
欧州	フランス	13	41	41	5	(3,482)
欧州	英国	12	36	46	5	(3,424)
欧州	スペイン	13	41	41	5	(3,174)
南米	ブラジル	12	32	52	4	(3,263)
南米	アルゼンチン	13	32	51	4	(3,229)
南米	ウルグアイ	12	31	53	4	(3,050)
南米	チリ	12	27	56	5	(2,979)
アジア	中国	13	28	56	4	(3,108)
アジア	インドネシア	9	19	72	0	(2,777)
アジア	日本	13	29	54	4	(2,726)
アジア	インド	10	19	68	3	(2,459)
アフリカ	ナイジェリア	13	19	69	0	(2,547)
アフリカ	モザンビーク	8	17	74	1	(2,283)
アフリカ	エチオピア	11	11	75	3	(2,131)
アフリカ	ウガンダ	10	20	63	8	(2,130)

注：1）USDAが年齢、活動、性別に応じて定めている推奨値の加重平均
出所：FAOSTAT、USDA、世界銀行

えたカロリーの過剰摂取状態にある、という現実を生み出しています。

図表4－1は、横軸がカロリー摂取量とその中に占めるタンパク質、脂質、炭水化物等の割合で、縦軸には主要な国々が並んでいます。「平均推奨摂取カロリー」のラインを見ると、二三〇〇キロカロリーで、多くの国がこの値をオーバーしています。つまり、カロリーを過剰摂取してい

る状態です。

この図表からも、欧米各国ではタンパク質と脂質の摂取比率が高いことがわかります。特に脂質の摂取量は、アジアの国々の二倍から三倍となっています。

これは、脂を含んだ動物性タンパク質を多く摂っていることに加えて、サラダ油などの調理用油を多用し、バターなどの乳製品やクッキー、チョコレートなどの菓子を食すなど、油分の多い食生活になっていることを示しています。

日本は、比率だけを見れば南米型に近いと言えますが、総摂取量は南米の人々よりも少なくなっています。アジア圏では、中国とインドネシアが日本よりカロリーを多く摂取し、インドネシアは炭水化物の摂取が非常に多いということがわかります。

健康意識の高まりから注目される大豆加工製品

食肉以外でタンパク質を摂ることのできる食材で、人気のあるものに大豆があります。大豆は、アジアではすでに広く栄養源として摂取されていましたが、今後は欧米にも広がる余地があると思われます。

図表４－２に示すのが、世界各国の大豆タンパク質の摂取量です。昔から豆腐や味噌、醤油の食文化を持つ日本、中国、韓国など東アジアの国々は高い値を示し、それに比べて欧米では低くなっています。欧米は、牛肉などの食肉からタンパク質を摂っているという

図表4-2 アジアでは大豆の消費量が多く、南北アメリカやヨーロッパのようにプレミアム製品としてのポジションは確立していない

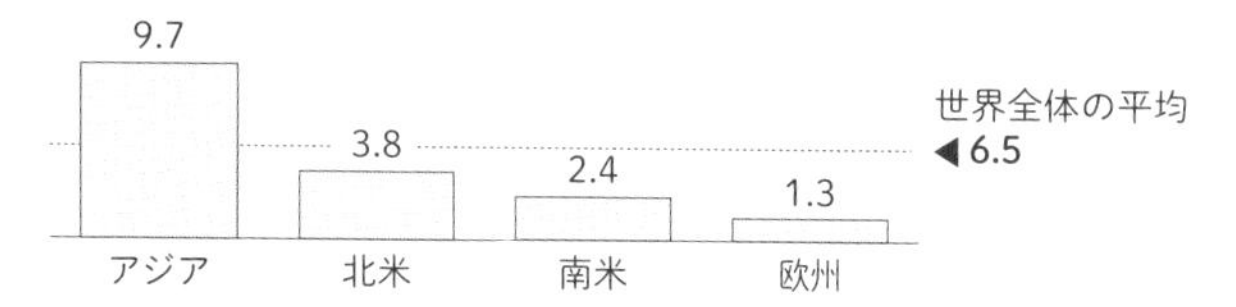

図表4-3 肥満人口の割合[1)]

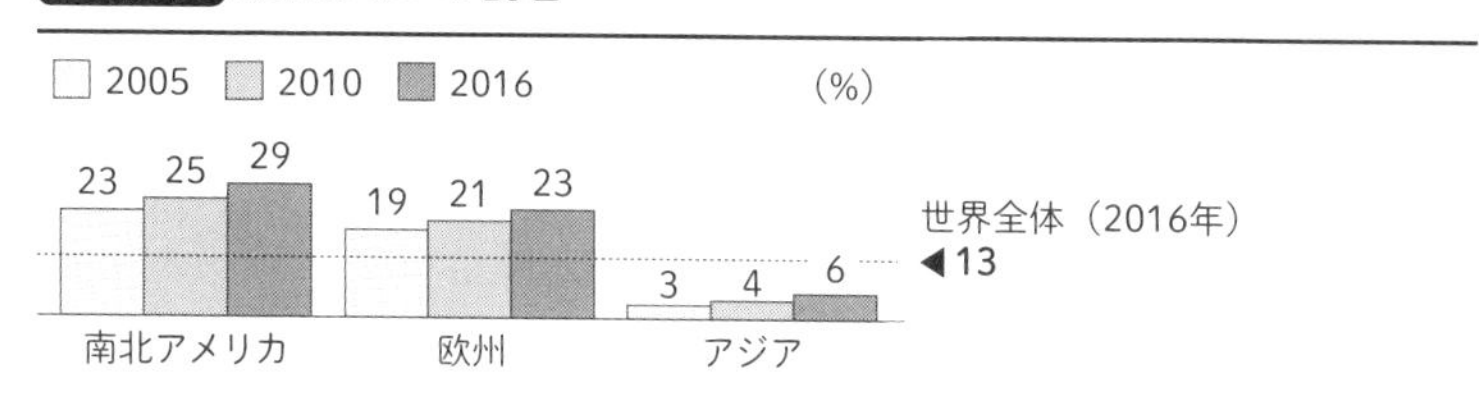

図表4-4 健康への関心の高まりにより植物性タンパク質および大豆加工品の消費が伸びる可能性がある

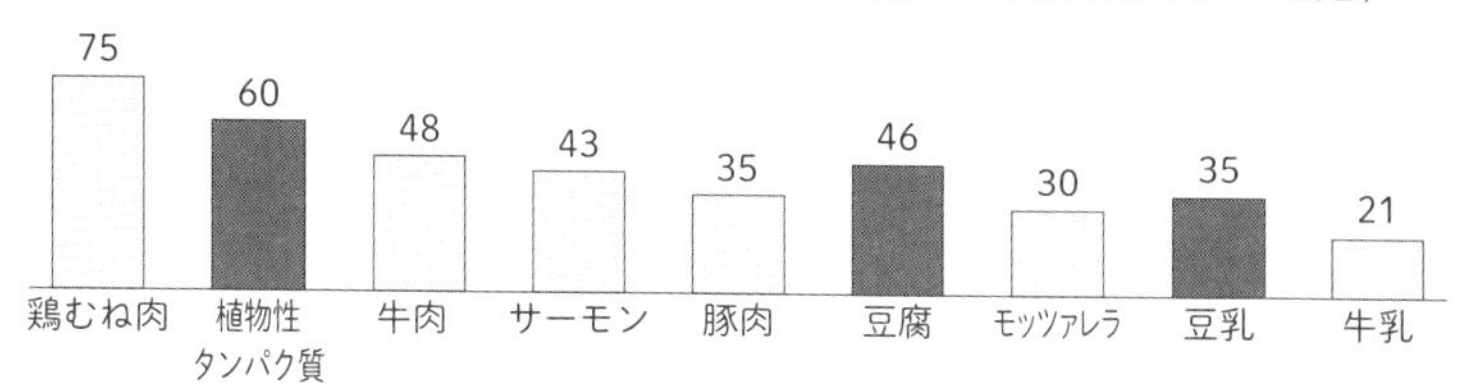

注：1）18歳以上の人口のうち、BMIが30以上の人口の割合
資料：OECD-FAO、WHO Global Health Observatory data

ことです。

そうしたタンパク質の摂取源の違いからか、肥満人口を見てみると（図表4－3）、肥満人口の割合は圧倒的にアジアが低くなっています。

健康志向を考えたときに、豆腐、豆乳を含めた植物性タンパク質の摂取は効率の面でも優秀な食材と言えます。総カロリーに占めるタンパク質のカロリーの割合を見ても、植物性タンパク質、豆腐、豆乳は高い値を示しています（図表4－4）。健康志向の高まりにつれて、大豆タンパクへの注目度はますます高まっていくと思われます。

米国に見られる食生活の変化

米国では食生活の変化が傾向として出ています。「過去一二カ月の食習慣の変化」という二〇一七年のマッキンゼーの調査によると、米国平均で「健康的な食生活を心がけている」との回答が増え、健康意識が高くなっていることがわかります。特にミレニアル世代は平均以上に健康に対する注目度が高く、「極度に加工された食品・人工的な成分を避けている」等も大幅に増えています。

こういった消費者の注目に合わせて、米国の加工食品メーカーでは、たとえばタンパク質含有率を高めた製品を売り出すとともに、ラベルや成分表示などでもタンパク質含有を目立たせるマーケティングやプロモーションの展開を進めています。

健康食材への欲求という消費者の動向から、大豆はさまざまな加工食品で使われるようになりました。スナック類やパン、菓子、ベビーフードからソイミルクやソイドリンクのような飲料、はてはスキンケア製品まで、幅広く大豆タンパク質が取り入れられていきます。

こうした傾向が今後も勢いそのままに増えて、加工食品に使われる大豆タンパク質の割合が全体の消費量の二%から一〇%に伸びた場合、二〇二六年にはブラジルの輸出量全体の約六五%相当が追加で必要になるというシナリオが描けます。

そうなったときのブラジルは、まだまだ生産効率を高めていく余地があるので、アグテックの導入や、バイオ技術を投入する良いチャンスなのではないかと思われます。

興味深いのは、肥満が増えて健康志向が高まるというトレンドがグローバルに起こると、ある一国の農業（今回の例の場合はブラジル）の将来をも劇的に変えてしまう可能性があるということです。

健康意識が砂糖の輸出入にも大きく影響

健康志向の高まりによる食習慣の変化は、砂糖の消費にも表れています（図表4－5）。

図表4-5 たばこと同様に1人当たりのHFCS[1]の消費量は減少傾向にあり、健康意識の高まりによりさらに減少する可能性がある

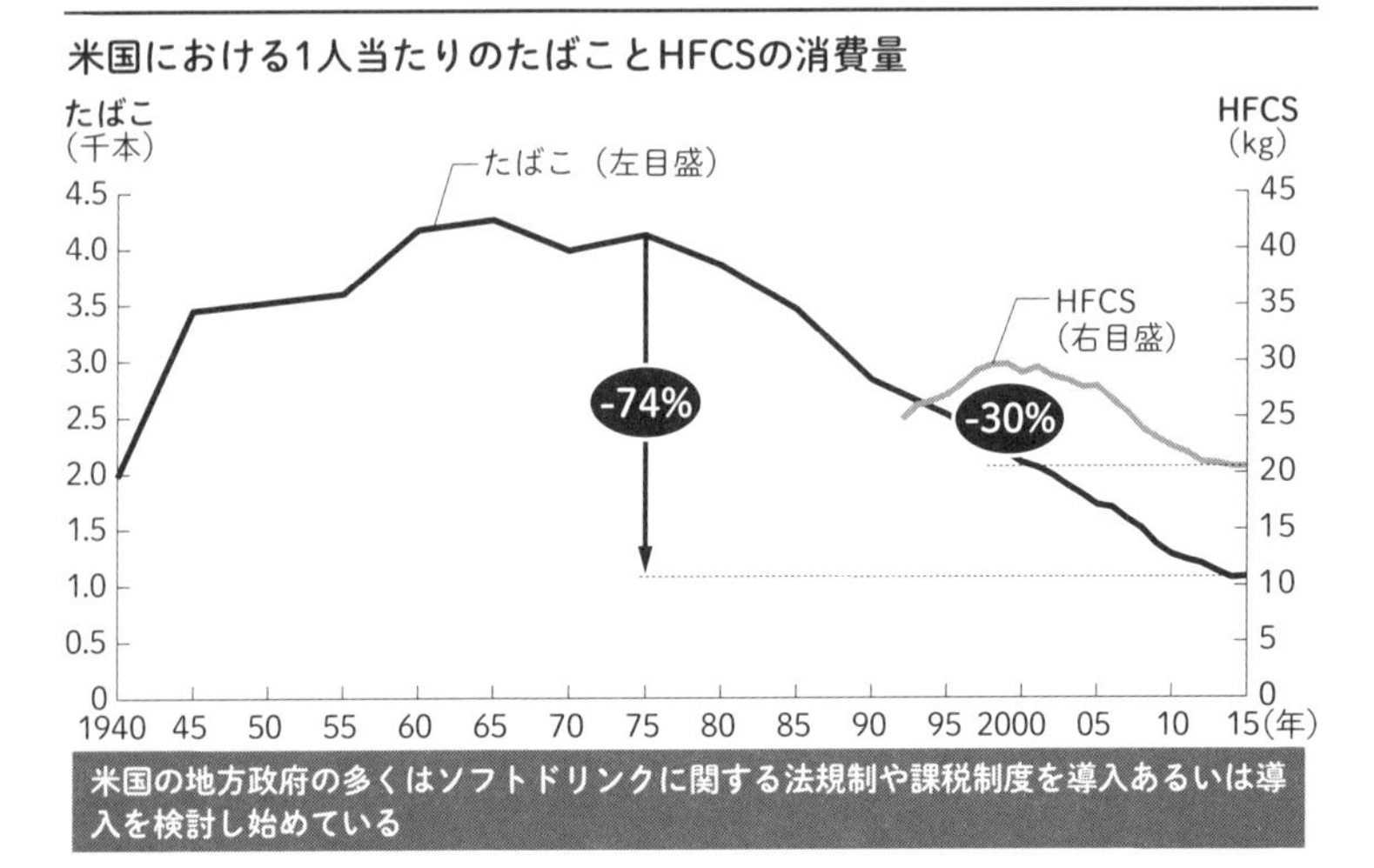

注：1）High-Fructose Corn Syrup（異性化糖）の略称
資料：USDA-Tobacco Outlook Report、FAO-OECD、CDC

図のＨＦＣＳ（High-Fructose Corn Syrup）は、異性化糖のことです（日本の食品では、果糖ブドウ糖液糖と表記される場合が多い）。今後も米国では、異性化糖など糖分の摂取量が減る可能性があることを示しています。

　実線はたばこの減少の様子を表し、グレーの線は異性化糖の減少傾向を表わしています。たばこの場合は、健康被害が宣伝され、国や州による法規制や課税制度の適用もあって減少の一途をたどっています。これと同じ傾向を、砂糖も見せるのではないかと考えられています。

図表4-6 肥満が世界最大の健康問題になった場合、砂糖輸出のプロフィットプールは64億米ドル縮小する見込み

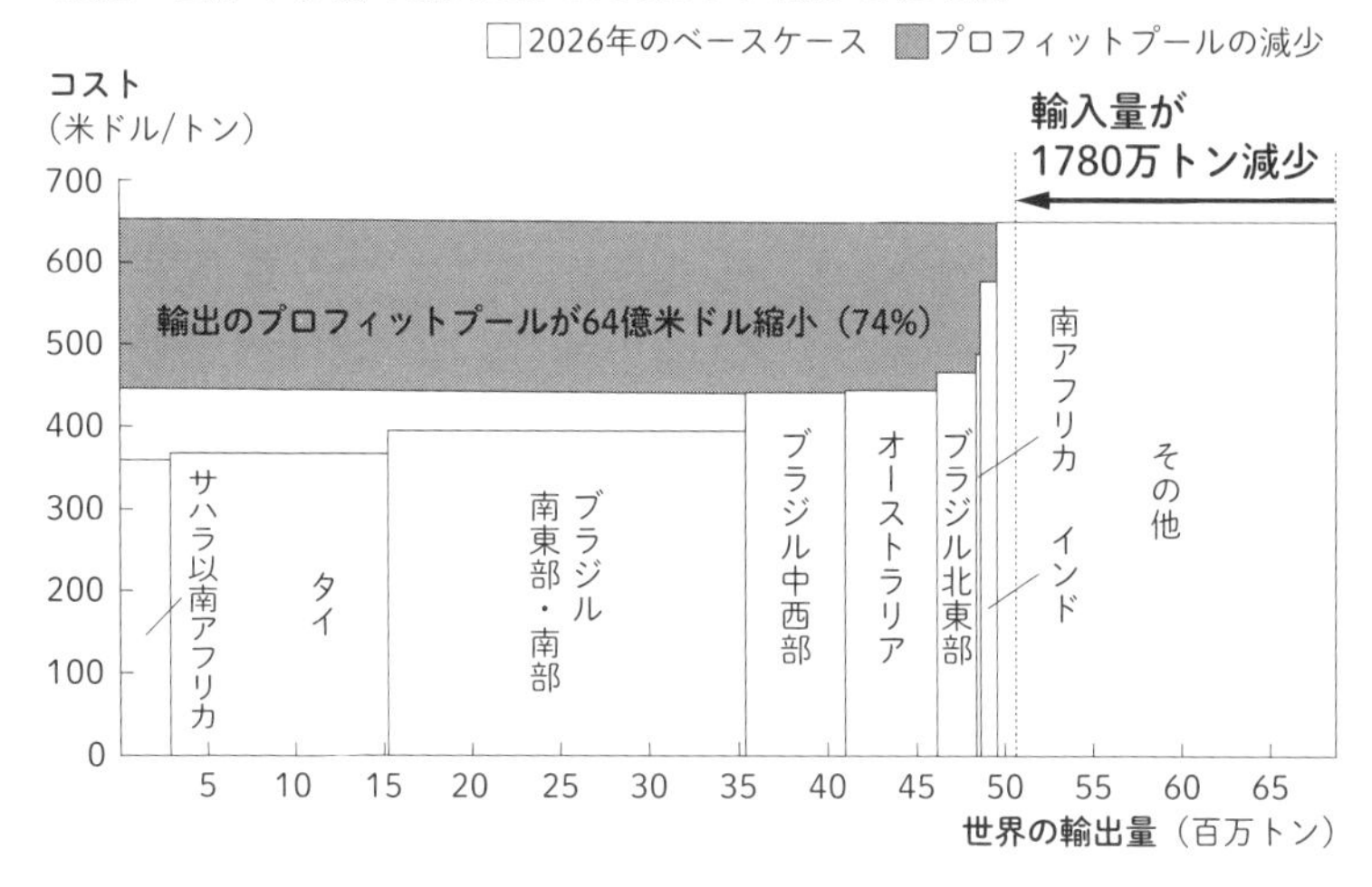

出所：McKinsey ACRE、Agri Benchmark、USDA、FAOSTAT、CONAB、WTO、SeaRates.com

健康意識の高まった国民は、砂糖の過剰摂取が身体に及ぼす害にも敏感になり、多くの州が砂糖入り飲料に関する法規制を導入、もしくはその準備に入っています。

世界的に砂糖の需要が減った場合、輸出の面で大きく影響を受ける国がインド、ブラジル、オーストラリアといった国々です（図表4－6）。これは、第3章のトウモロコシのコストカーブで説明した通り、全体の需要が減ればコストカーブの右側にいる国は作る必要がなくなる、もしくは作っても売れない状態になるからです。

図表4-7 牛は最も資源が多くかかり、温室効果ガスの発生も多い

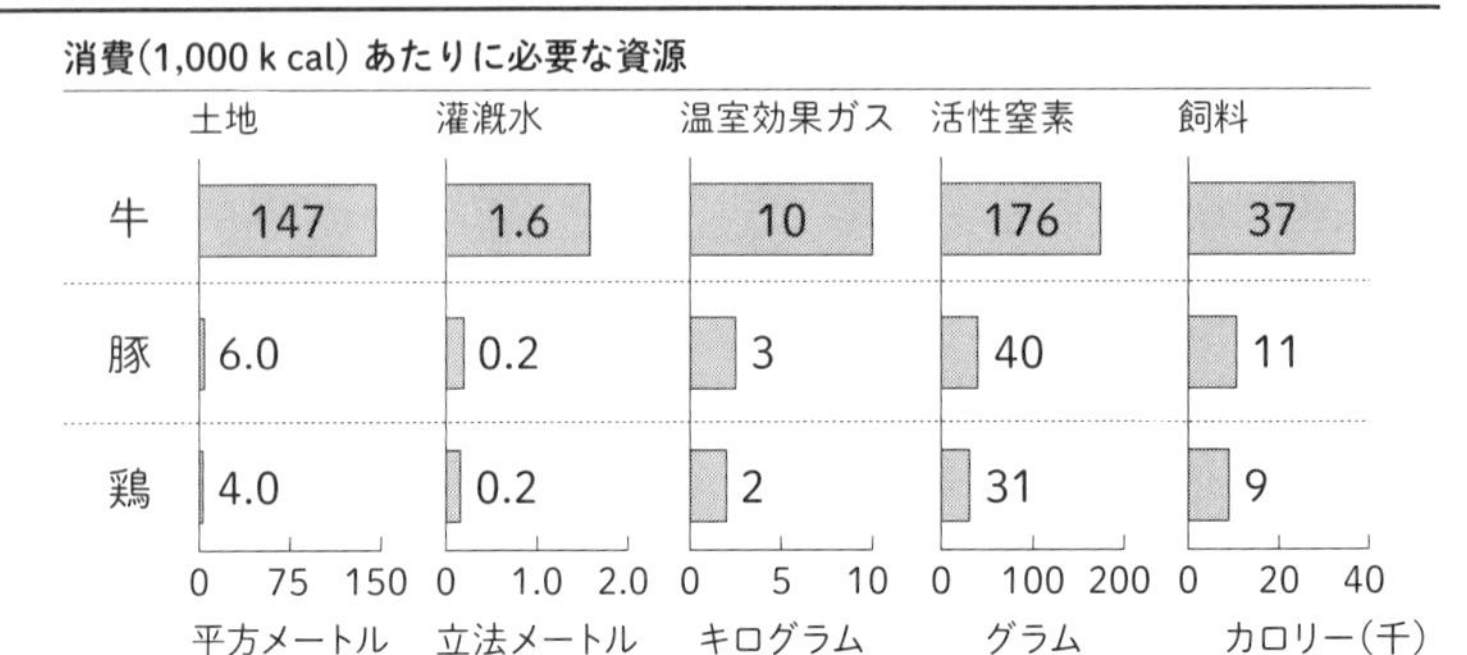

資料：2014 by National Academy of Sciences; Gidon Eshel et al. PNAS 2014;111:11996 12001

もしこのまま進んで肥満が世界の最大健康問題になったならば、世界の輸出全体のプロフィットプールは金額にして六四億ドル縮小すると見られています。

大豆加工食品が肉に替わる日

食肉需要とひとまとめに言いますが、何から動物性タンパク質を摂っているかは国によって違っています。もちろんタンパク質は誰にとっても必要なものですが、食習慣の違いから国によって動物性タンパク質を摂る対象も変わります。

中国やベトナムは豚肉の需要が大きく、インドやトルコは卵と乳製品の比率が高くなっています。牛肉需要が大きいのはアルゼンチン、ブラジル、南アフリカといった国々で、マレーシアやインドネシアは水産物からも多くタンパク質を摂っている、といった傾向が見られます。

その上、牛肉の生産は、他の家畜に比して生産に必要な土地、水などの資源が多くかかり、温室効果ガスの発生も多く、環境負荷が大きいという事実もあります（図表4－7）。

このように、健康意識のみならず環境意識、サステナビリティの意識の高まりからも、CO_2の排出量が少なく、生育に必要となる餌も少ない鶏肉をより消費する傾向が現れているようです。

代替タンパク質の登場とMeat 2.0

今後想定される世界の人口増に伴う需要増に対応するには、従来のタンパク源の増産に取り組むだけでなく、植物を原料にした代替品や藻類タンパク質、昆虫食、微生物や培養技術を用いた合成物質など、新たな代替タンパク源の開発が不可欠です。そのなかでも有力なのが、植物由来、昆虫由来、合成物質による代替タンパク源です。

植物由来の代替タンパク源には、前述の大豆や、大豆加工品から肉のような味、食感、香りを再現した肉代替品、藻類等が含まれます。

大豆ハンバーグや大豆ステーキなど、本物の肉を使わずに大豆から肉の代替食品を作る動きが盛んになってきています。この分野をビジネスにする企業も続々と現れ、なかでも注目を集めているのが、肉代替品（フェイクミートと呼ばれる）事業に取り組む米国のImpossible Foods社とBeyond Meat社です。それぞれ二〇一一年、二〇〇九年に設立されて以来、急成長しています。ニューヨークなどではMeat 2.0と呼ばれる潮流が、日本国内にも広がりを見せてきています。

その他に、タベルモという日本企業は藻類の研究を行っていて、タンパク質、ビタミン、ミネラルなど、栄養価の高い藻類スピルリナを培養し、そこから健康食品を作る事業に取り組んでいます。日本でも肉を使わず大豆タンパク質を使用した「ナチュミート」（日本ハム）や「まるでお肉！大豆ミートのからあげ」（伊藤ハム）が販売されています。

こうした動きが加速して拡大すれば、大豆の需要が増え、コストカーブに見る世界の輸出需要が増えます。（前述のとおり）加工食品での消費量が全体の一〇％まで増えた場合、ブラジルの輸出量全体の約六五％相当が追加で必要となるという予測もあります。そうなれば、バリュープールが広がる可能性も出てきます（図表4－8）。

昆虫由来の代替タンパク源としては、米国のExo社やスイスのEssento社が、昆虫を素材にした食品を開発しています。

Exo社は、コオロギから抽出した高濃度タンパク質を粉末化してプロテインバーを製造し、販売しています。昆虫をその形のまま食べるのではなく、粉末にすることで抵抗感をなくす狙いです。

Essento社は、甲虫の幼虫ミールワームを原料にした昆虫バーガーや昆虫ミートボールなどを作り、スイス国内の大手スーパーマーケットで販売しています。

図表4-8 Meat 2.0がメインストリームに浸透した場合[1)]、大豆加工製品の需要拡大によりバリュープールは64億米ドル規模に拡大（+116%）

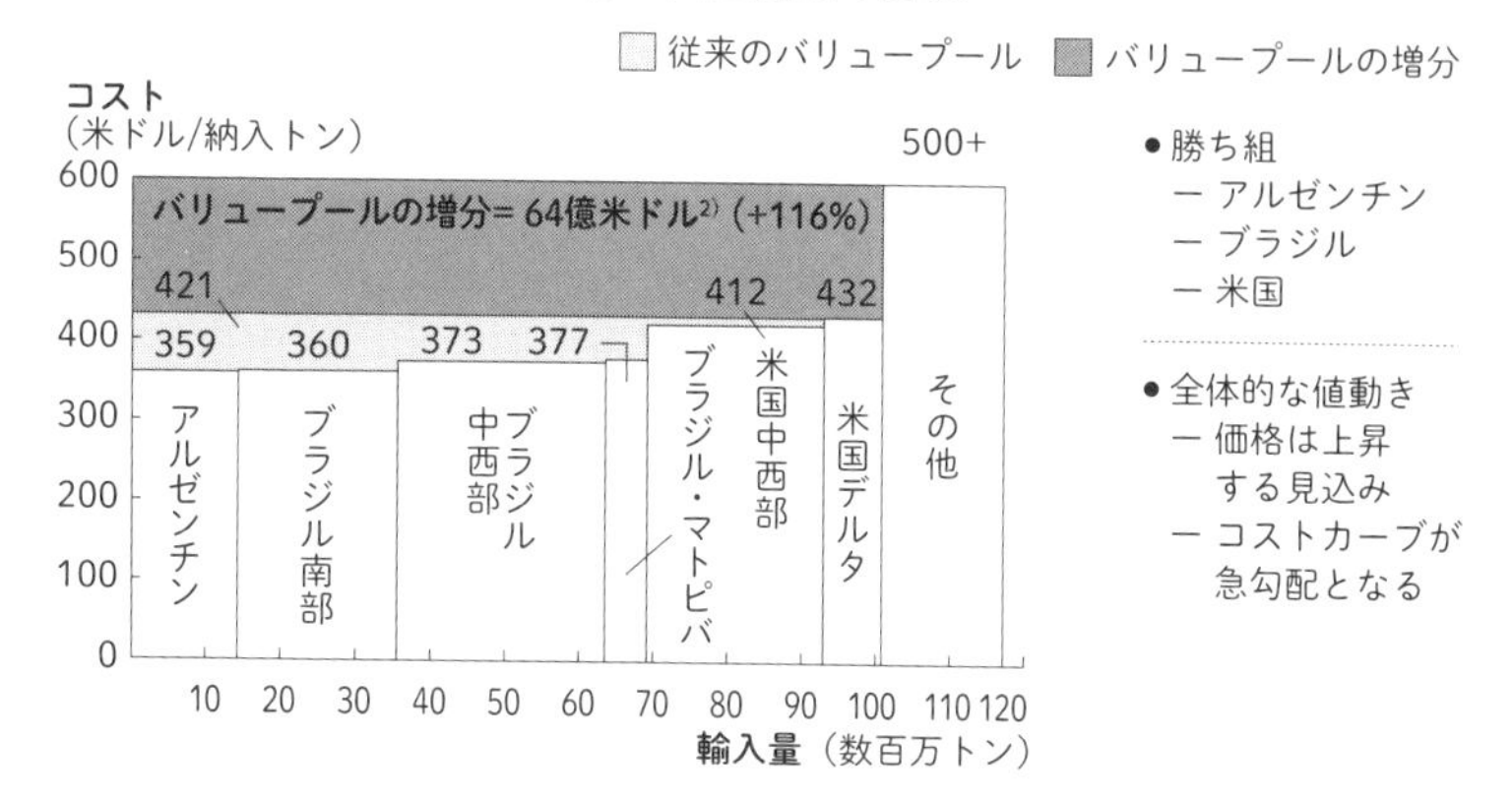

注：1）植物由来のバーガー等のシェアを10%として想定
　　2）新たなC90を500.00米ドルとして想定
出所：McKinsey ACRE、Agri Benchmark、アイオワ州立大学、USDA、FAOSTAT、CONAB、Argentine Ministry of Agriculture、WTO、SeaRates.com

タンパク質需要が高まり、一方で肉不足が懸念されるなかでも、昆虫を食べることそれ自体は、世界的に見てもすぐには受け入れられないかもしれません。

そこで、人の食用としてではなく、家畜用飼料のタンパク源として昆虫を活用する、という企業も出てきています。Ynsectという会社で、一二五億円の資金調達に成功しています。同社は、ミールワームの飼育をすべてAI（人工知能）に任せ、そのコントロール下で完全に自動化された生産プロセスを通じて、魚の餌やペットフード、肥料を生産しています。

培養肉「クリーンミート」の未来

代替タンパク源の三つ目は、培養肉、合成肉（cultured meat, synthetic meat）です。肉そのものを〃細胞培養して作り出す〃という企業もあります。再生技術を用いて筋肉細胞を培養して作られる食肉です。世界的には「クリーンミート」と呼ばれています。

近年では試験管肉、培養肉、「Shmeat」の技術的な実現可能性が証明されています。

ＥＵ諸国では、培養肉を用いることで従来の食肉に比べて温室効果ガスの排出を七八〜九六％軽減し、農地および水の使用もそれぞれ九九％および八二〜九六％削減できる見通しとしています。しかし培養肉の生産コストは極めて高額であるほか、この新たなイノベーションを実現するには消費者の知識と理解を深め、規制の枠組みを整備することが必要です。

英国の首相だったチャーチルは驚くべきことに、今から八〇年以上前の一九三六年に「胸肉や手羽肉といった部位を食すために、丸ごと一羽の鶏を育てるという不合理なやり方から脱却し、それぞれの部位を適切な手段で殖産するときが来ている」と述べています。

Finless Foods社は、マグロやスズキなどの魚の幹細胞を培養して魚肉を作っています。Perfect Day 社と Sugarlogix 社は、酵母や発酵技術を用いて人工ミルク、人工母乳糖の開発に成功しています。酵母を用いた技術としては、Clara Foods 社が人工卵白を開発しています。こうした企業では、分子レベルで本物とまったく同じ物を作ることを目標にしており、対象は乳製品だけでなく、水産物へも広がりを見せています。

日本企業のインテグリカルチャーは、培養肉の大量生産を目指し、最近注目され始めています。脂身の部分は魚から、赤身の部分は牛肉から取るというように、もともとなかったものを合成して人工合成肉を作ることも構想されているようです。

現時点では、肉が不足しているわけでもなく、いつでも手ごろな値段で買えるため、こうした培養肉技術のありがたみが十分にわからないのですが、一〇年も経てば、中国の消費が大幅に伸びて肉が足りなくなる事態がやって来ます。そうなれば、当たり前のようにクリーンミートが流通している可能性があります。

ただし、コストが本物の肉の六〜一〇倍と高いことが、培養肉の課題になっています。日本の企業も投資を始めるなど、徐々に大規模化、低コスト化への道を進んでいますので、コスト面の課題も一気に解消されることが期待されます。

こうした代替タンパク質開発に対して、図表4−9に示すように大手企業も動き始めました。例えば、カーギルなどの大手食品加工業者は、代替タンパク質関連の投資を行い、既存のポートフォリオを補う形で代替肉という選択肢を追加しています（カーギルは培養

図表4-9 代替タンパク質市場に対し、各社投資を行っている

需要の増加を促進するトレンド代替タンパク質

食肉消費の増加による環境負担の増大

幅広いタンパク源に対する消費者の需要の拡大

食肉生産に影響する法律と政策

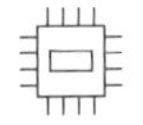

新しく改善された食品技術

	重要プレイヤー	投資戦略
食材および加工業者	• Cargill • PHW • ADM • DSM • LDC • Ingredion	食材および加工業者は、代替タンパク質カテゴリに投資を行い、既存のポートフォリオを補う形で、代替肉という選択肢を追加している（カーギルは培養肉にも投資）
消費財—大手	• Tyson • Conagra • Nestle • Danone • Kellogg	大手消費財企業は、代替タンパク質、そのなかでも従来存在する大豆等の植物由来の製品に投資。培養肉等の次世代の代替タンパク質への投資は、限定的
消費財—スタートアップ	• Memphis Meats • Beyond Meat • Motif • Impossible Foods	スタートアップにおいて、投資の大半は、次世代のタンパク質や食材向け（限りなく肉に近い、植物や酵母由来のフェイクミート）
小売り—フードサービス	• Burger King • White Castle • McDonald • Carl’s Jr • Sysco	フードサービス各社は、代替タンパク質を提供するために、上記スタートアップとのパートナーシップを推進

出所：FAIRRイニシアチブ、各社ホームページ、Cleveland Avenue LLC

肉にも投資しています)。

一方、消費財の大手企業は現在のところ、培養肉等の先進技術には積極的に投資しておらず、従来の大豆等の植物由来の製品に重点を置いているようです。

代替タンパク質市場における大きな動きの一つの例として、二〇一九年、香料メーカーの International Flavors & Fragrances 社(IFF)が、二六二億ドルを投じて、デュポン社の nutrition and biosciences 事業を買収しました。

IFF社は、焼き目などの色彩や酸化防止剤の技術を提供し、デュポン社は、牛肉のような食感や植物由来のタンパク質を作る技術を提供して、両社のノウハウを合わせるかたちで新しい市場でのプレゼンスを高める狙いがあります。IFFのCEOは、「これは単に規模のための買収ではなく、新市場での先行者利益(First-mover advantage)を目指し、新しい顧客ニーズに対応していくための買収だ」と述べています。

深刻さを増す世界的なフードロス

現在、世界中で問題になっているフードロスには、一つの特徴があります。先進国では消費段階でのロスが最も大きいのに対して、新興国では生産段階やその保管段階など上流工程で多くロスが発生しているということです。

図表4－10で示すのは、食物バリューチェーンの工程別に見た世界のフードロスの現状

図表4-10 フードロスをバリューチェーンごとに見ると、生産段階および消費段階でのロスが大部分を占める

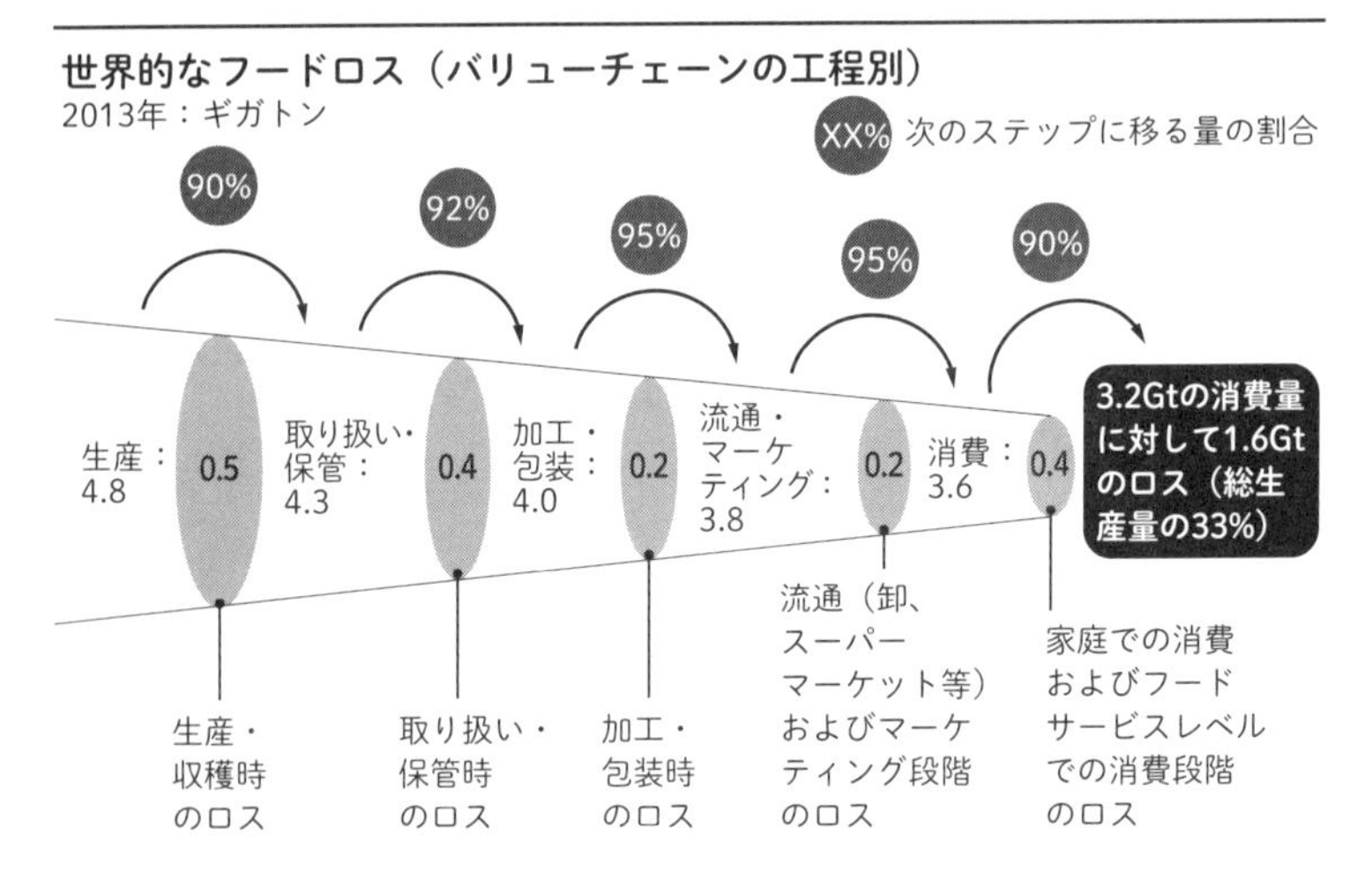

資料：Food Wastage Footprint、FAO 2013

です。生産段階では四・八ギガトンあった食品が、取り扱い・保管、加工・包装、流通、最終消費者と各段階を進むにつれて、次々にロスが発生していることを示しています。

縦の楕円のなかに書かれた数字がロスの量です。各段階でのロスを積み重ねた結果、最終的に家庭で消費された段階では食品は三・二ギガトンに減ってしまい、実に一・六ギガトン、最初の生産量の三三%が消えてしまっています。

なお、フードロスに新興国と先進国に差があり、新興国では生産段階や保管段階など上流で大きなロスが出ています。一〇〇の生産が保管段階に入るのは、そのうちの八〇%ほ

どになっています。これは、生産段階で腐ったり病気になったりするロスが多く発生していることです。先進国での最大のフードロスは逆に最終の消費段階で発生し、一四%が廃棄されています。

新興国、先進国ともに、生産者側・消費者側の両面でのフードロスに対する解決策の開発がなされるのが待たれます。

第5章

農業ビジネスをリードする上流プレイヤー

図表5-1 統合の波を捉えた農薬および種子大手6社が合併し、ビッグ3を形成。市場シェアを50%強まで拡大

（農薬および種子売上高合計〈2018年〉；10億ドル）

●合併前の農薬および種子業界の情勢

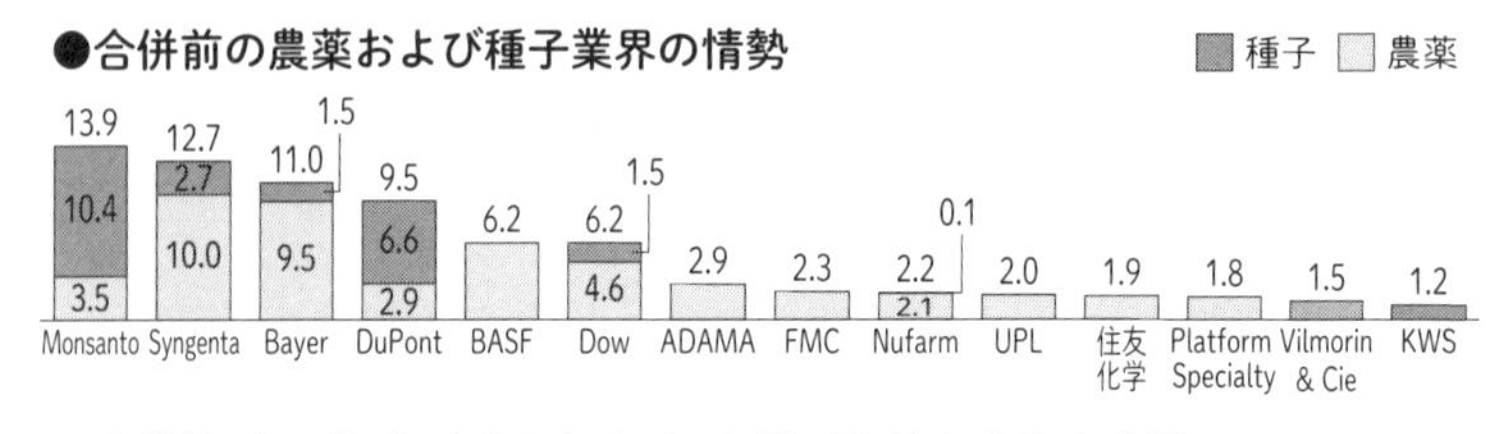

●合併後ビッグ3を形成した大手6企業が他社を大きく凌駕

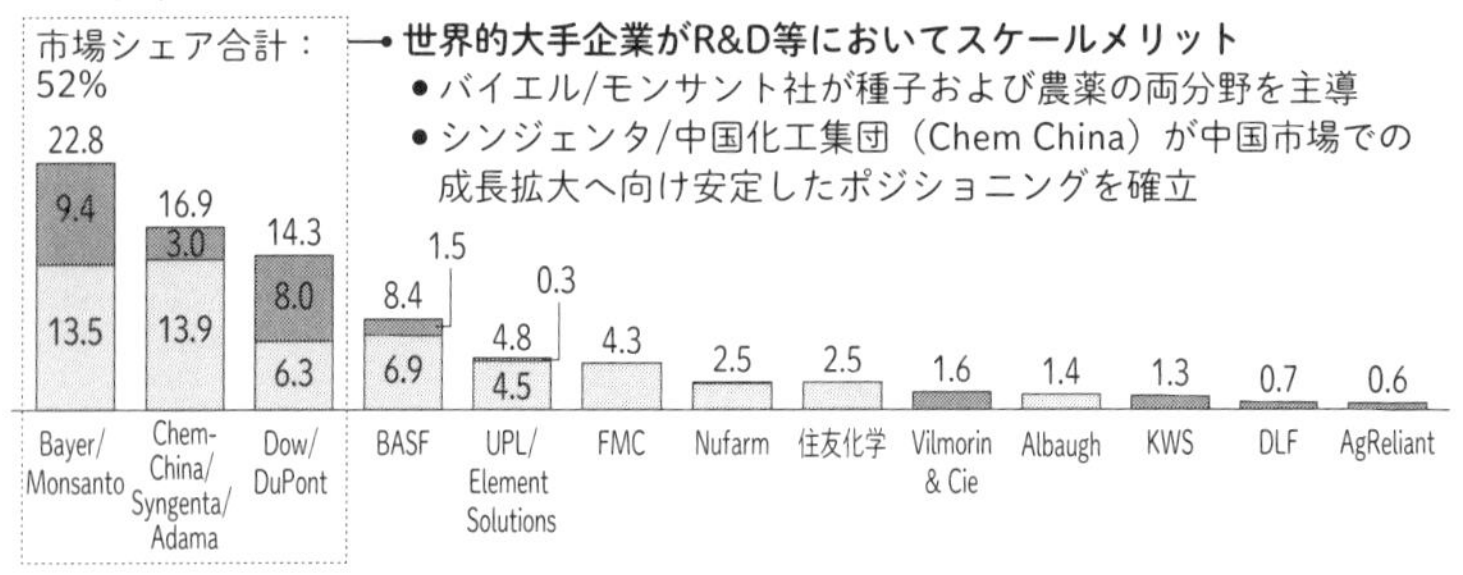

出所：各社ホームページ、フィリップス・マクドゥガル社

農業には欠かせない農薬や肥料、さらには作物の種子を提供する化学品・種子企業は、世界の農業を支える農業の上流に位置する存在と言えます。農業ビジネスに参入している企業は世界に数多くありますが、今その業界地図を大きく変えるうねりが起きています。業界をリードしていた巨大企業同士が次々に統合して新たにビッグ3と呼ばれる超巨大企業となり、業界の五〇%に及ぶシェアを持つに至ったのです。

本章では、巨大企業が誕生した世界の上流プレイヤーの

図表5-2 R&D世界大手がスケールメリットで有利なポジション

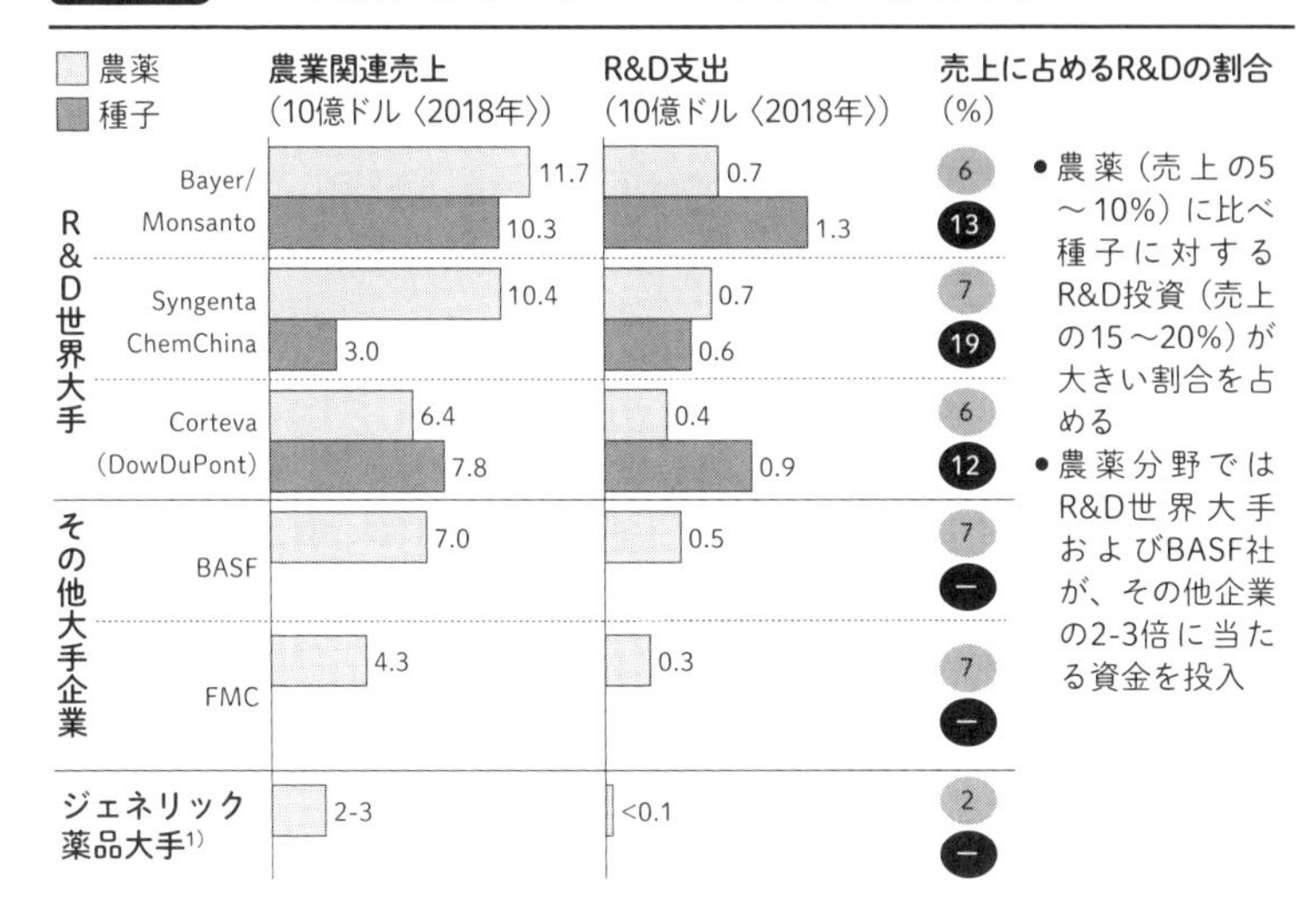

注：1）Nufarm社、UPL社、PSP社（ADAMA社とFMC社は除く）の平均
出所：フィリップス・マクドゥガル社

変化と、ジェネリック農薬や肥料の動向について見ていきます。

農業ビジネスに超巨大企業誕生

二〇一〇年代後半に、世界的大手化学会社のダウとデュポン、バイエルとモンサント、シンジェンタと中国化工集団（ChemChina）が合併して、三つの超巨大企業が誕生しました。ビッグ3と呼ばれるこれら超巨大企業は、農薬および種子事業を持ち、ビッグ3を合わせると業界全体の五〇%に及ぶシェアを握ることになったのです（図表5－1）。

売上の差は、研究開発に投じる金額に如実に表れます。ビッグ3

が種子や農薬の開発に投じる資金は、世界の他の企業群を合わせても追いつけない巨大な金額となります（図表5－2）。この資金力を活かして新しい技術を開発していくため、業界他社にとっては大変な脅威となっています。

こうしたガリバー企業がいる環境の下、ビッグ3以外の企業はそれぞれの専門性を活かしながら事業を進めることになります。バイオ農薬分野に強みを発揮して事業展開する企業、ジェネリックを主体に高い営業力で競争する企業など、自社の優位性にますます磨きをかけてすみ分けに活路を見出していくのです。

広がりを見せるジェネリック農薬

ジェネリックとは、特許期間が切れた農薬原体（成分）に対し、他社が同じ成分で製剤した製品のことです。効能は同等ですが、研究開発費用が上乗せされていない分だけ廉価で提供されることになります。

世界的には、ジェネリック農薬を積極的に取り扱うことで販売単価を下げることに成功しています。扱われるジェネリック農薬の比率は、総販売量の四一％に達しており、もっとも伸びている市場です（図表5－3）。

図表5－3は、二〇〇七年から二〇一七年までのジェネリック薬品のシェアを示しています。二〇〇七年には、R＆D企業の特許がある製品が二五％、特許期限切れの製品が四

図表5-3 ジェネリック農薬企業の市場シェアは拡大を続けており、この傾向は今後も継続する見通し

（農薬市場のシェア〈%〉〈10億ドル〉）

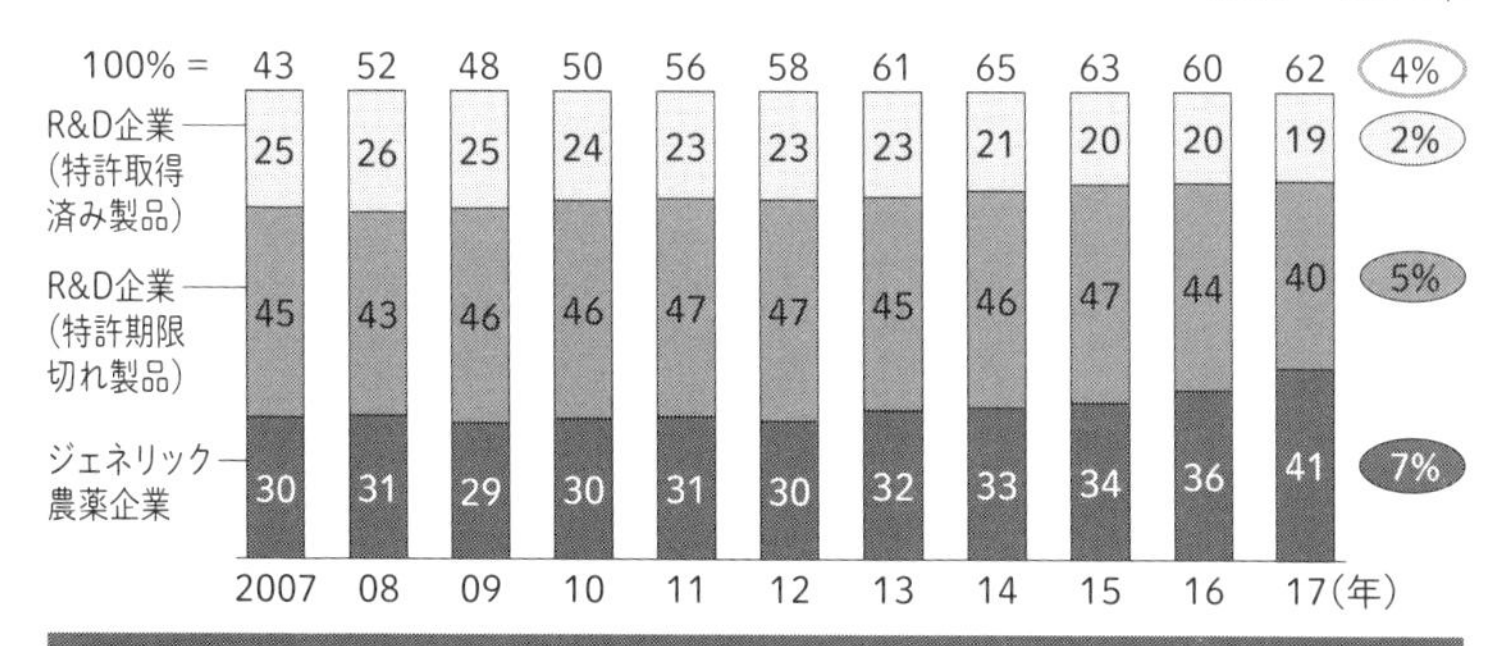

ジェネリック農薬企業の市場シェア拡大が続くと予想される理由：
- 新興市場（インドなど）で農薬の使用が増加
- 先進市場の農業従事者が投資利益率を重視

注：フィリップス・マクドゥガル社の定義に沿って予測した値
出所：フィリップス・マクドゥガル社

五%、ジェネリック企業のジェネリック品が三〇%だったのに対し、二〇一七年ではジェネリック企業のジェネリック品が四一%まで拡大してきています。

日本の農薬の現状を概観すると、二〇一六年の農薬の登録銘柄数は四三二六、登録業者数は一六九です。

韓国を見ると、三〇〇三銘柄、七〇業者、ジェネリック農薬の普及率は二三%に達しています。

日本は、ジェネリック農薬の導入は始まってはいるものの、使われている比率は総量の五%と、同じアジアでも韓国とは大きな隔たりがあります。

図表5-4 ジェネリック農薬登録制度の簡素化

これまでの農薬登録制度		2017年4月以降の制度
〈新規農薬〉 ○農薬登録時の有効成分と不純物の安全性の管理方法：「農薬の有効成分と製造方法」を定めて管理 （試験費用：1農薬当たり約14億円）	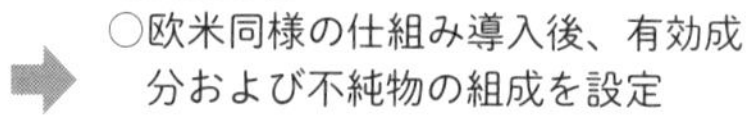	〈新規農薬〉 ○欧米同様の仕組み導入後、有効成分および不純物の組成を設定 ○登録用データ保護期間：15年間 （試験費用：1農薬当たり約14億円）
〈ジェネリック農薬〉 ○既登録農薬と同じ試験を要求（試験費用：新規農薬とほぼ同等）		〈新規農薬のジェネリック農薬〉 ○登録から15年（データ保護期間）経過後、ジェネリック農薬は、有効成分および不純物の組成が同じであれば、毒性試験全体および残留試験が不要 （試験費用：約14億円→約1億円に減額） 〈既存登録農薬のジェネリック農薬〉 ○既登録のジェネリック農薬の登録申請には、有効成分にかかる毒性試験の多くが不要 （試験費用：約14億円→約6億円に減額）

出所：米沢（2018）

日本では、純度の高い医薬品とは違い、農薬は製造の際に生じる不純物が混在し、不純物には有効成分よりも毒性が強いものも多いことから、有効成分だけではなく不純物の組成も定めた安全性の確認が必要とされてきました。

一方、欧米では、農薬登録時に有効成分と不純物の組成を定めて管理（EUは一九九一年に導入）し、ジェネリック農薬についてもその有効成分と不純物の組成が既登録農薬と同じ場合、毒性試験全体と残留試

図表5-5 ジェネリック農薬の登録に必要なデータと費用

（円）

分類	ジェネリック農薬	新規農薬
1. 毒性パッケージ　データ	必要（約11億円）	必要（約12億円）
2. 薬効試験	1,800,000	1,800,000
3. 製剤毒性試験	3,000,000	3,000,000
4. 残留試験（作物）*	12,500,000	12,500,000
5. 残留試験（土壌）*	5,000,000	5,000,000
合計（上記1.～5.）	1,122,300,000	1,222,300,000

注：全農試算。＊は免除される場合もある
出所：全国農業協同組合連合会（2016）

験が不要とされています。

日本では、ジェネリック農薬においても既登録農薬と同じ試験が要求され、費用が新規農薬とほぼ同等でしたが、二〇一七年度以降、欧米同様に有効成分と不純物の組成を定めて管理する仕組みを導入することになりました。

日本でジェネリック農薬が広がらなかった一つの理由に、薬の登録にかかる費用の問題がありました。先に述べたように、ジェネリックはすでに流通していた薬を、いわば他社が再現した薬です。しかしながら、これまでは新規農薬と同様の試験が必要とされてきたため、試験費用も新規農薬と同様にかかっていました。

しかし、前述のように二〇一七年に登録制度が変わり、一部の条件をクリアすれば試験が不要になったので（図表5－4）、今後の普及拡大に期待が持てるようになりました。

図表5-6 窒素は広く存在する一方、カリウムの産出国は限られており、一部のプレイヤーに産出地を押さえられている。リン酸の産出はその中間的な位置づけ

	窒素	リン酸	カリウム
主原料	天然ガス	リン鉱石	カリ岩塩
産出・生産国の数	～60	～40	～10
国際取引の割合	～30%	～40%	～80%
グリーンフィールドの開発コスト（更地から開発する場合）	～20億ドル［尿素に含有されるアンモニア100万トン相当］	～20億ドル［岩石、酸、DAPに含有されるP_2O_5 100万トン相当］	～40億ドル［200万トン相当の鉱床］
グリーンフィールドの開発期間	3～4年	3～4年	7年
上位5社の生産能力[1]	～10%	～30%	～65%

注：1）窒素、リン酸、カリウムの計算にはそれぞれ、アンモニア、リン酸アンモニウム、塩化カリウムの数値を使用
出所：ポタシュ・コーポレーション、IFDC、IHS Chemical SRI

ちなみに全農の調査によると、日本の登録にかかる費用は、新規農薬の登録が一二億円、ジェネリックの場合は一一億円でした（図表5－5）。韓国ではジェネリック農薬の登録が一億円以下でできることを見ても、高額だったと言えます。登録が高額となれば、ジェネリックだからといって廉価をメリットにすることができなくなるのも当然です。

肥料資源産出国の現状

世界の作物消費量の将来推計から、二〇三〇年まで年率で二％の割合で農作物生産量を増やしていく必要がある、という結果が出て

図表5-7 窒素生産は極めて細分化されており、最大手であっても世界全体の生産能力のほんの一部を占めているにすぎない

会社名	アンモニアの生産能力[1]（百万トン）	アセットの拠点	2017年の収益（十億米ドル）	オーナーシップ
CF Industries	9.0	北米、欧州、トリニダード	4	公開会社
Yara	7.8	欧州、中東、北米、トリニダード	12	公開会社
Nutrien	7.7	北米、中南米、北アフリカ	18	公開会社
Pupuk	6.6	インドネシア	—	国営会社
Ostchem	4.3	東欧	—	非公開会社
OCI	4.0	北米、北アフリカ、欧州	2	公開会社
QAFCO	3.6	中東	2	JV
Togliatti	3.5	ロシア	1	非公開会社
Eurochem	2.9	ロシア、欧州	5	非公開会社
IFFCO	2.8	インド	3	協同組合
Uralchem	2.8	ロシア	2	非公開会社
Grupa Azoty	2.7	東欧	3	公開会社
Koch	2.6	北米	—	非公開会社
Acron	2.4	ロシア	2	非公開会社
SAFCO	2.3	中東	1	JV
世界全体（2017年）	245.1			

- **世界全体で天然ガスの埋蔵量が豊富であることから世界のガス生産能力は細分化されている**
- **上位15社で世界の生産能力の～25%を占めている**
- **最大手企業でも世界のシェアは4%に届いていない**

注：1）総生産能力。オペレーション能力や所有構造によってウェブサイトに掲載されている生産能力と値が異なる可能性がある
出所：Fertecon Ammonia Outlook（2017年3月）、各社ホームページ

います。作物の増産が必要となるのなら、栽培に欠かせない肥料も増産することが必要になるはずです。肥料も上流プレイヤーである化学企業の取り扱い商品となります。

肥料の主成分は、窒素、リン酸、カリウムの三つです。これらはそれぞれ、天然ガス、リン鉱石、カリ岩塩から作られ、またその原材料の入手のしやすさも異なるため、産出国の数が大きく異なります(図表5－6)。

例えば窒素は、世界各地に広く存在し、基本的にどこででも作れます。したがって、突出した生産会社はなく、上位五社を合わせても世界の生産能力の一〇%にすぎないほど細分化されています。最大手企業でも、世界シェアの四%足らずというのが実態です(図表5－7)。

それに対し、カリウムは産出国が限られているため、上位企業で世界の生産能力の大部分を占めています。

世界に見る窒素肥料の動き

次に、窒素の消費量を見てみましょう。前項で、世界的に作物生産量が増加傾向にあると述べましたが、食物生産量の伸びは年率二%でした。それに対し、窒素肥料の消費は二〇三〇年まで年率一・一%しか伸びないと予想されます(図表5－8)。

これは、従来の過剰投与により農業先進国のほとんどで施肥量が飽和状態になっている

図表5-8 農業先進国のほとんどで施肥量が飽和状態になっていることから、窒素肥料の消費量の伸び率は鈍化している

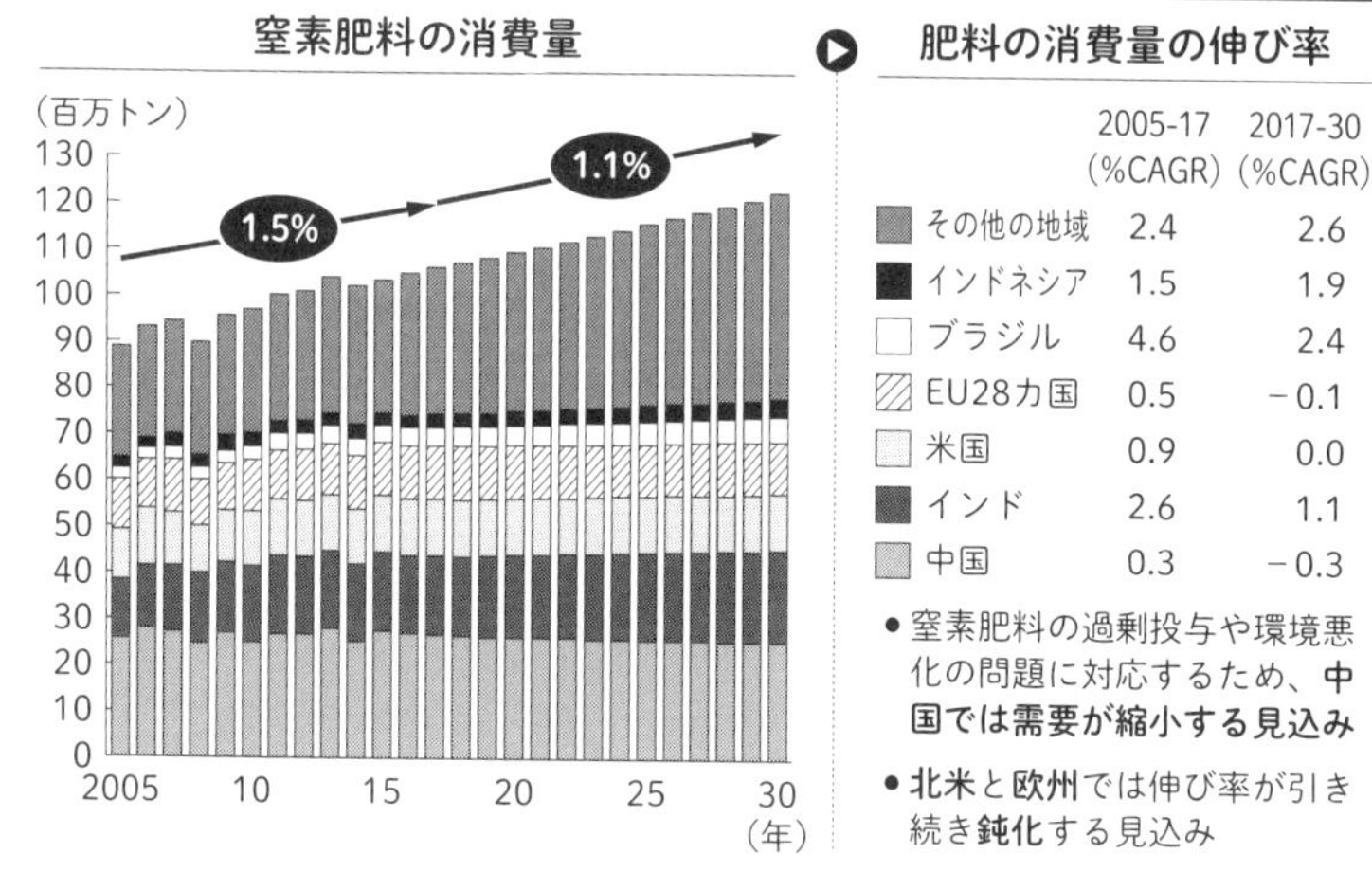

出所：McKinsey Fertilizer Nutrient Demand Model

ことに加え、環境問題への対応を迫られることもあって、栽培に投入する肥料の量を減らす傾向が見られるためです。各国の肥料消費量の伸び率を見ても、中国、北米、欧州では伸び率が二〇三〇年まで鈍化しています。

次に、図表5-9で窒素肥料に用いるウレア（尿素）の輸出入取引を見ます。どの国が作り、どこに輸出しているかという流れがわかります。

図で示すように、①が中国からインドに矢印が伸びています。これは、中国で生産した窒素肥料をインドが使うという意味です。同様に、②のロシア、ウクライナといった黒

図表5-9 Yuzhny（黒海）、アラビア湾、中国はウレア（尿素）の主要輸出ハブである

●ウレア（尿素）に関する主な貿易フロー

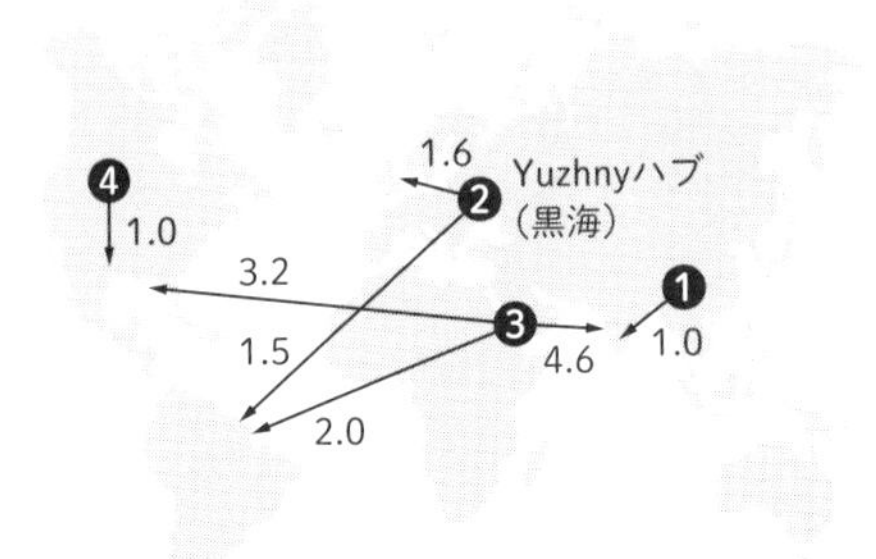

❶ 中国
❷ ロシアおよびウクライナ
❸ サウジアラビア、カタール、オマーン、イラン
❹ カナダ

●輸出国上位10カ国

（2017年、百万トン、尿素）

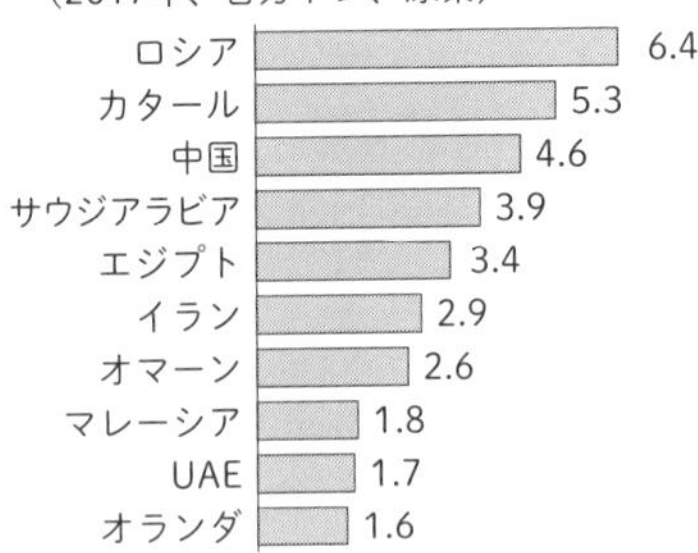

国	輸出量
ロシア	6.4
カタール	5.3
中国	4.6
サウジアラビア	3.9
エジプト	3.4
イラン	2.9
オマーン	2.6
マレーシア	1.8
UAE	1.7
オランダ	1.6

●輸入国上位10カ国

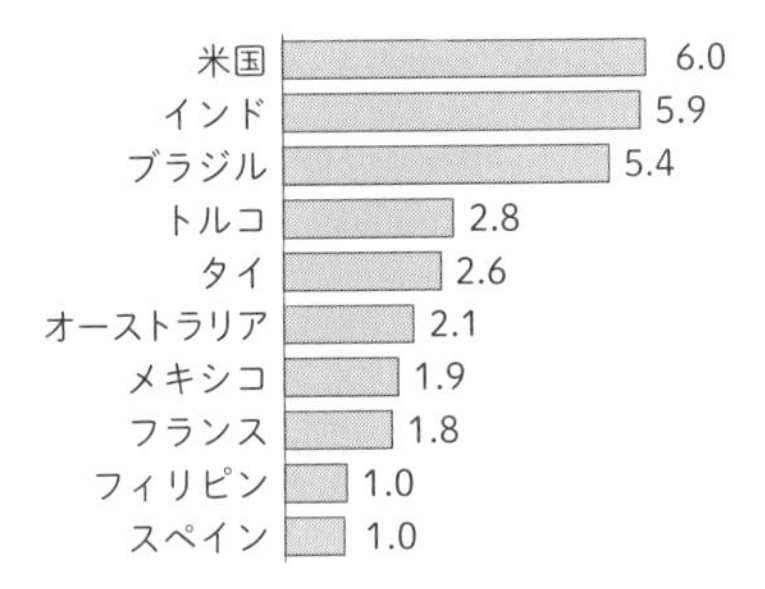

国	輸入量
米国	6.0
インド	5.9
ブラジル	5.4
トルコ	2.8
タイ	2.6
オーストラリア	2.1
メキシコ	1.9
フランス	1.8
フィリピン	1.0
スペイン	1.0

出所：International Trade Center's Trademap

図表5-10 リン鉱石会社は適度に細分化されており、最大手は大規模な鉱床がある地域に拠点を構えている

ランキング	企業名[2]	リン鉱石生産量に占めるシェア(2017年) 100%=71百万トン相当のP_2O_5の年間生産能力[1]	生産能力のシェア(%)	鉱石の輸出量が多い企業
1	OCP	11	15	✓
2	Mosaic	9	12	
3	YTH	4	5	
4	PhosAgro Apatit	3	5	✓
5	Ma'aden	3	4	
6	Nutrien	3	4	
7	JPMC	3	4	✓
8	CPG	2	3	✓
9	ICL	2	3	
10	Kailin	2	3	
11	Eurochem	1	2	
12	Wengfu	1	1	
13	Simplot	1	1	
14	Kazphosphate	0	1	
	その他	26	36	

注:1) 平均的なリン鉱石のグレードにもとづいた合計値(31%P_2O_5)
2) プロジェクトの過半数所有者にもとづく
出所:MineSpans、Fertilizer Association

海周辺国から英国、ブラジルに矢印が伸びています。矢印の元が生産国、矢印の先が使用国です。

このように窒素肥料の貿易では、作る国と使う国が違うので、こうした流れが発生します。ロシア、カタール、中国、そして中東諸国で生産し、米国、インド、ブラジルなどへ輸出しているという図式になります。

鉱山を持つ国が主導
――リン酸・カリウム

次にリン酸を見てみましょう。窒素肥料の製造会社はト

図表5-11 リン酸肥料の消費量の成長率は安定的に推移するものの、主要地域では鈍化し始める

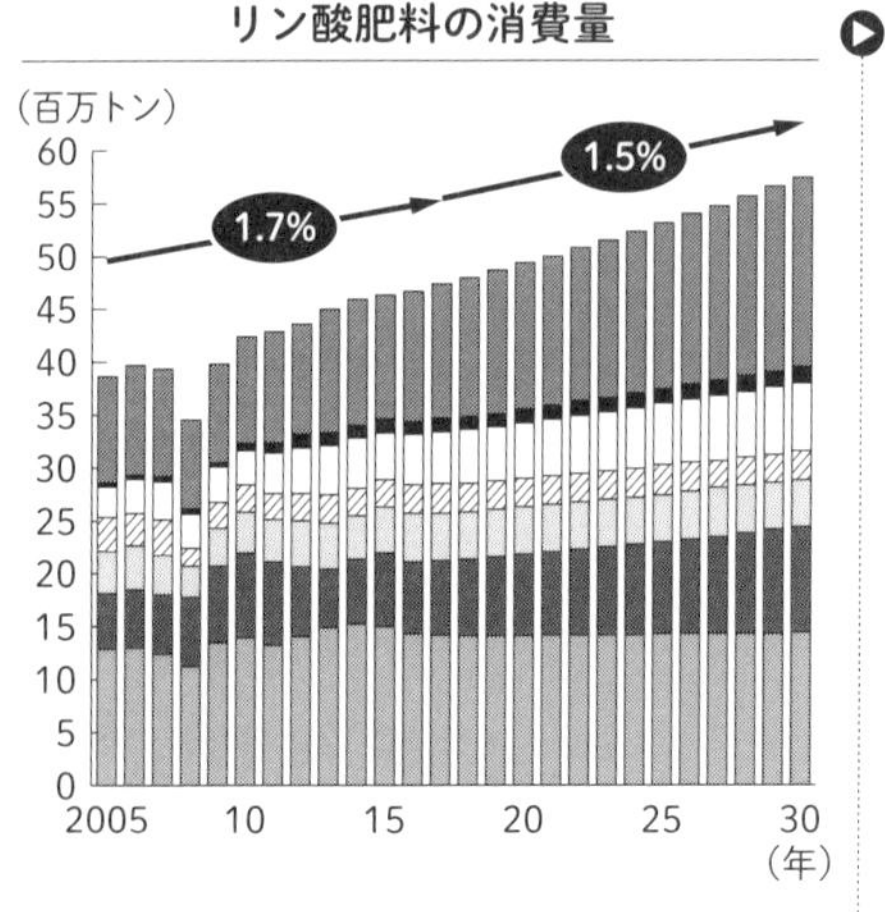

肥料の消費量の伸び率

	2005-17 (%CAGR)	2017-30 (%CAGR)
その他地域	2.0	2.6
インドネシア	8.7	1.9
ブラジル	4.6	2.0
EU28カ国	−1.2	−0.1
米国	0.8	0.0
インド	2.6	2.7
中国	0.9	0.1

- **インドとブラジルが**リン酸の消費量の伸びを牽引
- **その他地域**では施肥量が**他国と同水準まで伸びる**見込み
- 過剰投与による環境への影響を抑えるために、**中国では需要が縮小する見込み**
- **北米**と**欧州**では伸び率が引き続き**鈍化**する見込み

出所：McKinsey Fertilizer Nutrient Demand Model

ップでもシェア四%とドングリの背比べだったのに対し、リン鉱石生産一位のOCP（モロッコ）と二位のモザイク（米国）が他を引き離しています（図表5－10）。それぞれ一五%、一二%のシェアです。トップのOCPは、大規模な鉱床を控えた場所に拠点を構えています。

リン酸肥料はリン鉱石から作られますから、リン鉱山のある地域に生産が限られます。窒素肥料と同じくリン酸肥料の成長率は、作物生産の伸びほどには大きくならないと予想されています（図表5

図表5-12 中国、ロシア、米国、モロッコおよびサウジアラビアは、リン酸製品の最大級グローバルサプライヤー

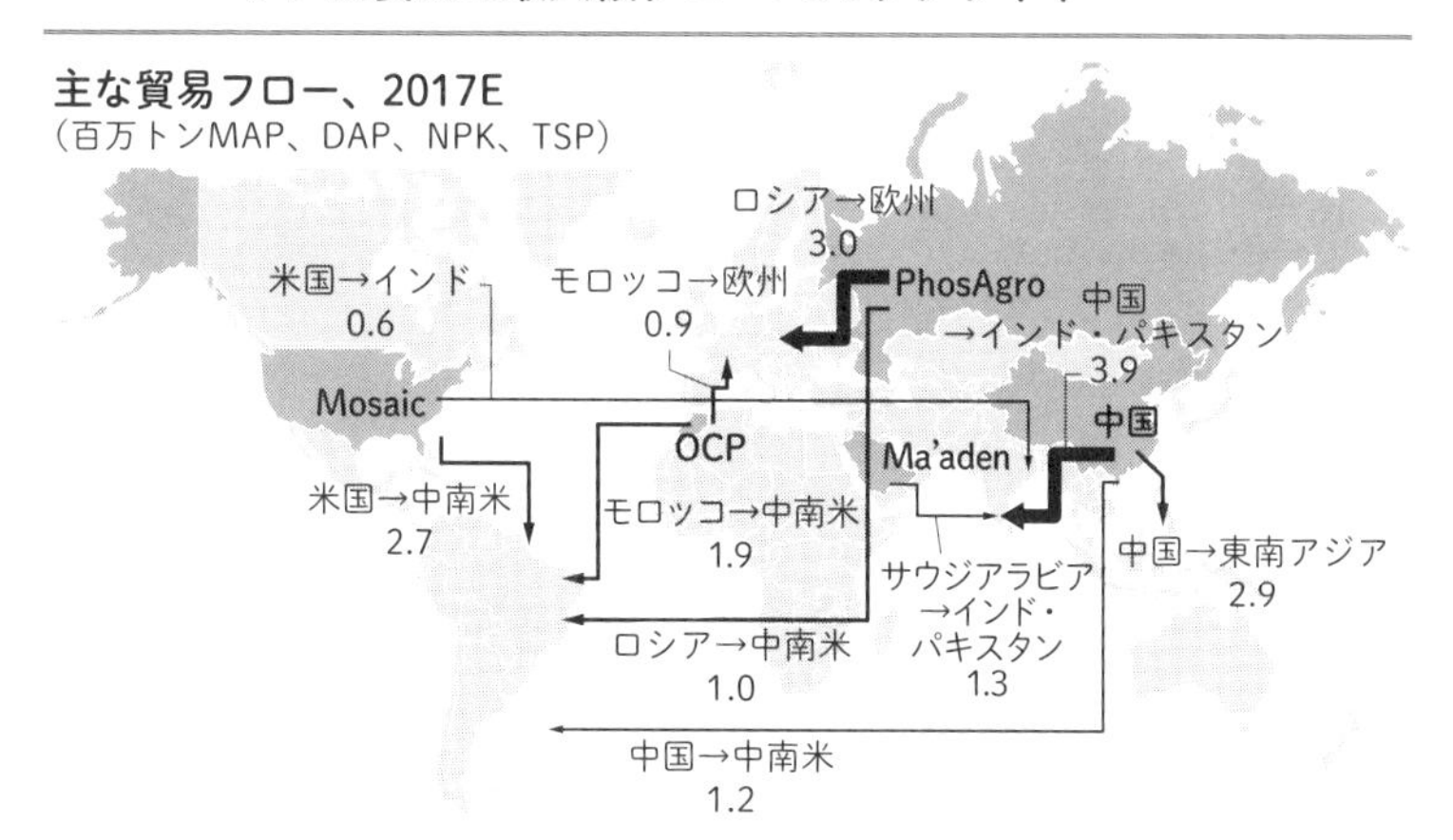

出所：International Trade Center's Trademap、Fertecon Phosphate Outlook Oct 2017、USGS 2018

―11）。

各国のリン酸肥料消費の伸び率を見ると、インドとブラジル、そしてやはり「その他の地域」が消費量の伸びを牽引しています。環境問題への対応に追われる欧米や中国では需要が縮小する見込みとなっています。

リン酸肥料の輸出入取引の動きも、窒素肥料と同じような流れができています。中国、ロシア、米国、モロッコ、サウジアラビアといった国が、リン酸製品の最大供給国となっていますが、いずれもリン鉱石の採れる鉱山を持っています。輸出先はインド、ブラジル、東南アジアといった国々です（図表5―12）。

同じく鉱山から採れるカリウムは、

図表5-13 地域によっては埋蔵量が少ないため、業界が集約化されており、近年ではさらに統合が進み、「輸出団体」へと変化している

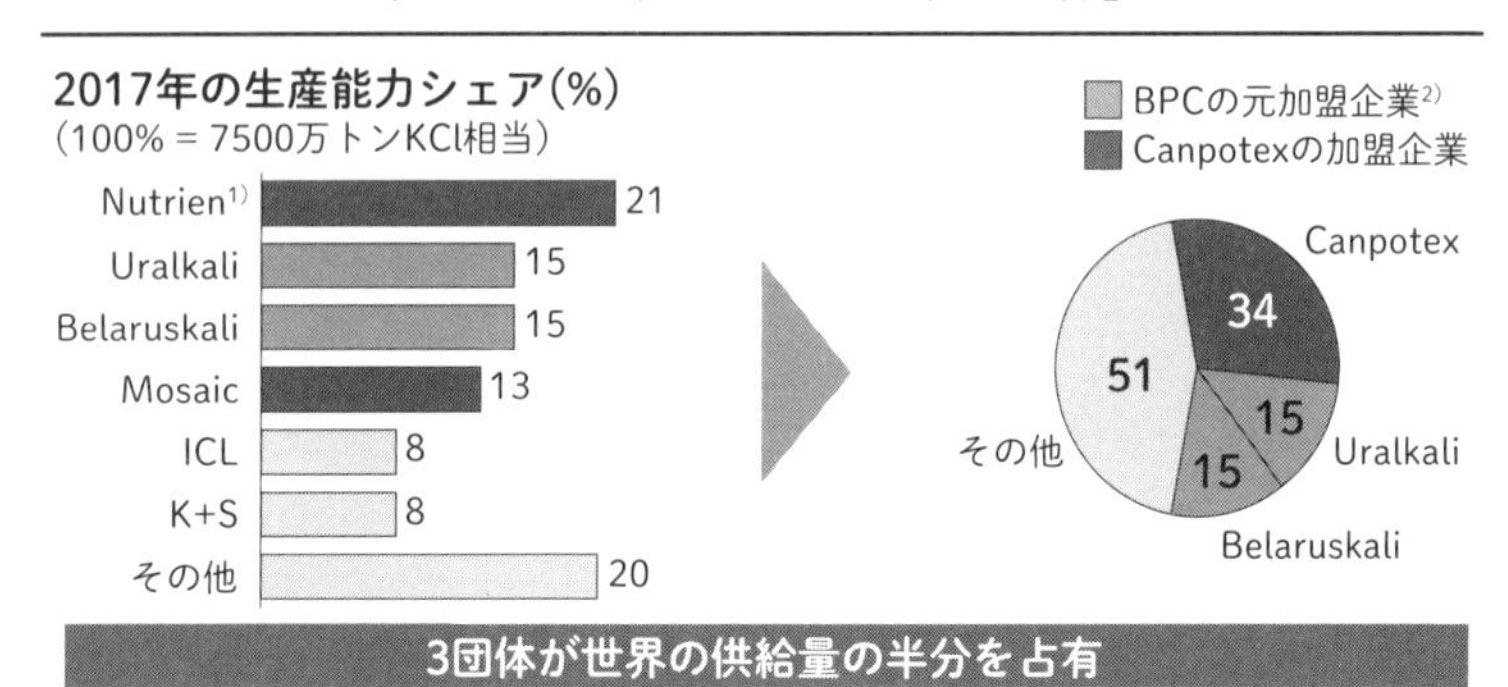

注：1）PotashCorpおよびAgriumは2018年初頭に合併し、Nutrienとなった。合併前はPotashcorp＝17%、Agrium＝4%

2）BPC＝Belarussian Potash Co.の略称。2005年にBelarussianとロシアのカリウムメーカーがカリウムの輸出コンソーシアムであるBPCを設立

資料：MineSpans by McKinsey

埋蔵量に地域的な偏りがあるため業界が集約化されており、近年では統合も進んで上位三団体で世界の供給量の半分以上を支配しています。

有名なのはカナダのNutrien社、Mosaic社、ウクライナのUralkali社とベラルーシのBelaruskali社。Nutrien社とMosaic社はCanpotexに加盟しており、あわせて三四%のシェア。UralkaliとBelaruskaliはそれぞれ一五%ずつ（もとBPC：Belarusian Potash Co.に加盟）。

消費量の伸びなどは、他の二つの成分と同じ傾向を示し、特にインドやブラジル、インドネシアで消費が拡大しています。また、世界の塩化カリウムの輸出量では、カナダ、ロシア、ベラルーシが圧

図表5-14 中南米とアジアがカリウム肥料の消費の伸びを牽引

カリウム肥料の消費量

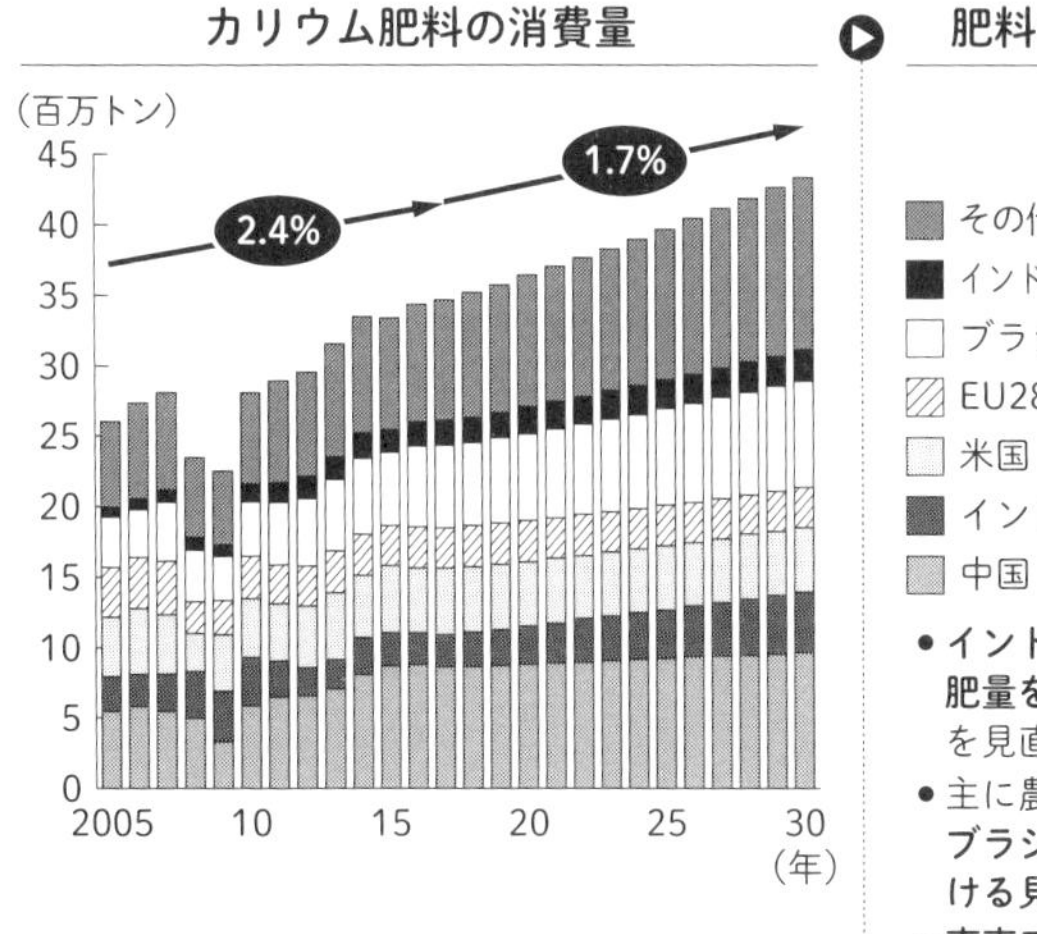

出所：McKinsey Fertilizer Nutrient Demand Model

肥料の消費量の伸び率

	2005-17 (%CAGR)	2017-30 (%CAGR)
その他地域	2.9	2.7
インドネシア	7.5	2.0
ブラジル	4.3	2.0
EU28カ国	−1.6	−0.2
米国	0.6	−0.1
インド	−0.2	4.9
中国	3.8	0.8

- **インドではカリウム肥料の施肥量を伸ばすべく、**助成制度を見直す可能性がある
- 主に農地拡大の影響により、**ブラジルでは消費量は伸び続ける見込み**
- **東南アジアは**パーム油で**緩やかな成長を続ける見込み**

図表5-15 世界の塩化カリウムの輸出量についてはカナダとロシア・ベラルーシが圧倒的なシェアを占めている

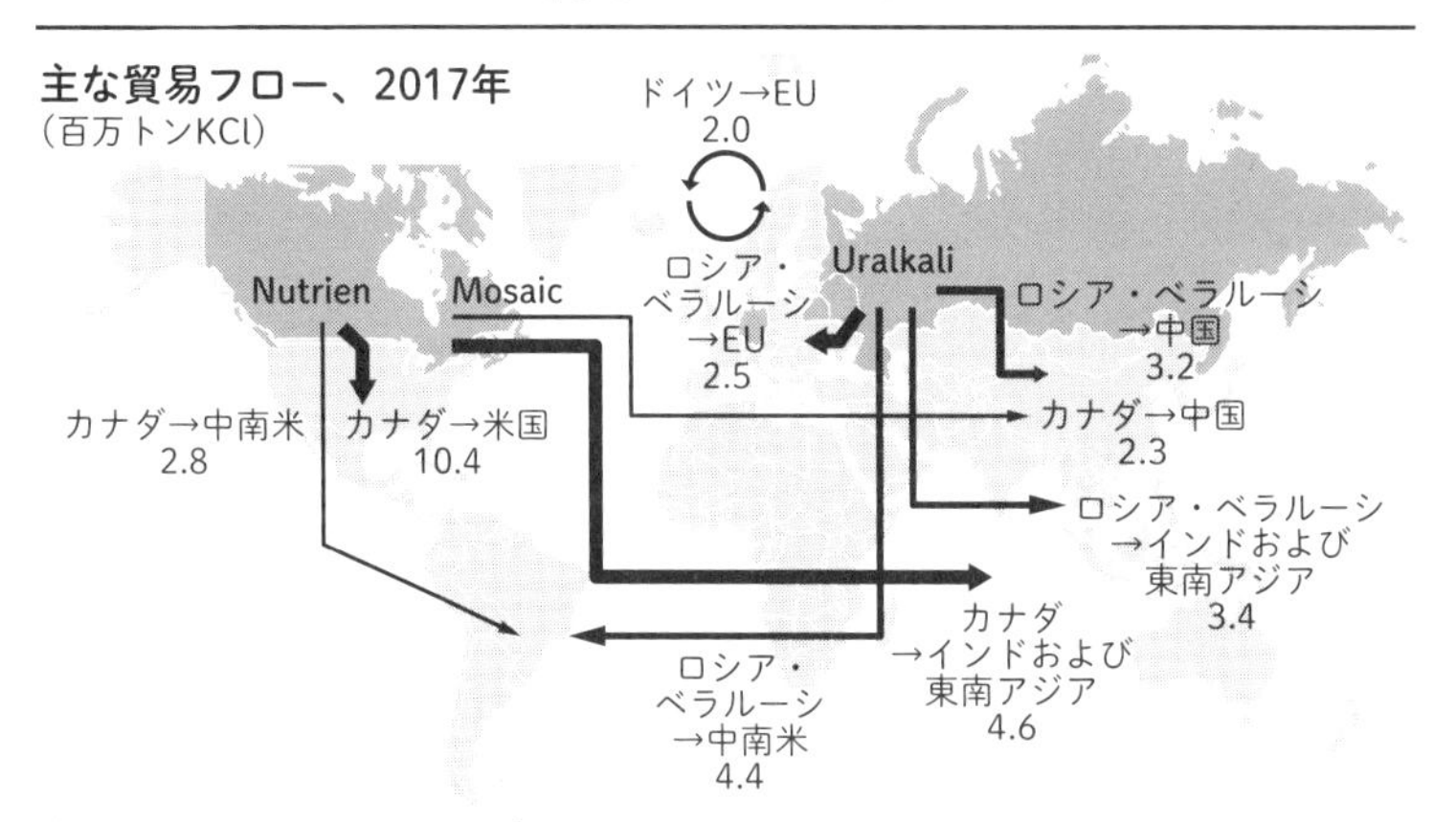

出所：International Trade Center's Trademap

倒的なシェアを占めています（図表5－13、14、15）。

日本の肥料メーカーは、全農や商社を通じて原料を仕入れ、肥料を製造しています。肥料の原料となる資源については、日本は、自国で肥料原料が採掘できないため、海外に頼らざるを得ない立場にあります。中長期的に見てもリンやカリウムが採れる国と友好な関係を継続し、安定的な供給を進めていく必要があると考えられます。

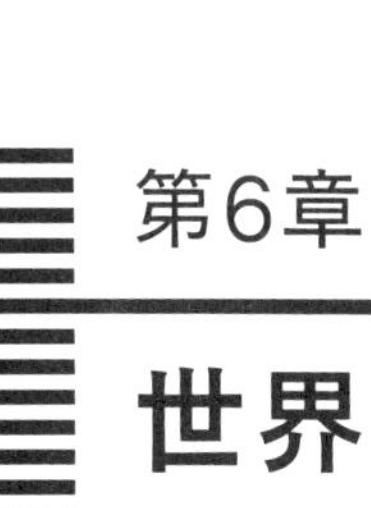

第6章

世界に訪れる消費者ニーズの変化

本章では、国内はもとより日本産農作物の直接の消費地であるアジア、北米における消費者ニーズの変化について考えます。

なかでも注視しておくべきトレンドに、「食体験」への注目度の高まりという消費者行動があります。「胃袋を満たす」ためだけではなく、食に「体験を得る」という付加価値を求める欲求は、新たなバリューチェーンを考える上でも見逃すことはできません。

最後に、eコマースによる食料品販売など、販売チャネルについての最新情報も紹介します。

調理に時間をかけたくない日本人

従来の日本の食卓と言えば、ほかほかの御飯に魚料理、というのが定番でしたが、今やその風景も様変わりしているようです。国内における食生活の変化は、コメ離れ進行に如実に表れています。コメの需要は年々低下してきており（図表6－1）、図に見られるように右肩下がりで、約二〇年間で二〇％減少したことがわかります。

最近の傾向としては炊飯の手間をかけたくないというニーズがあります。特に、共働き家庭では自宅で炊飯による米食という習慣が減ってきていることが、原因のようです。その一方で、「ファストライス」と言われるコンビニおにぎりやパックご飯の需要が、惣菜需要とともに伸びています。つまり、コメ離れの背景にも時短の影響がありそうです。

図表6-1 日本では食生活の変化によるコメ離れ等により、主食米の需要が低下

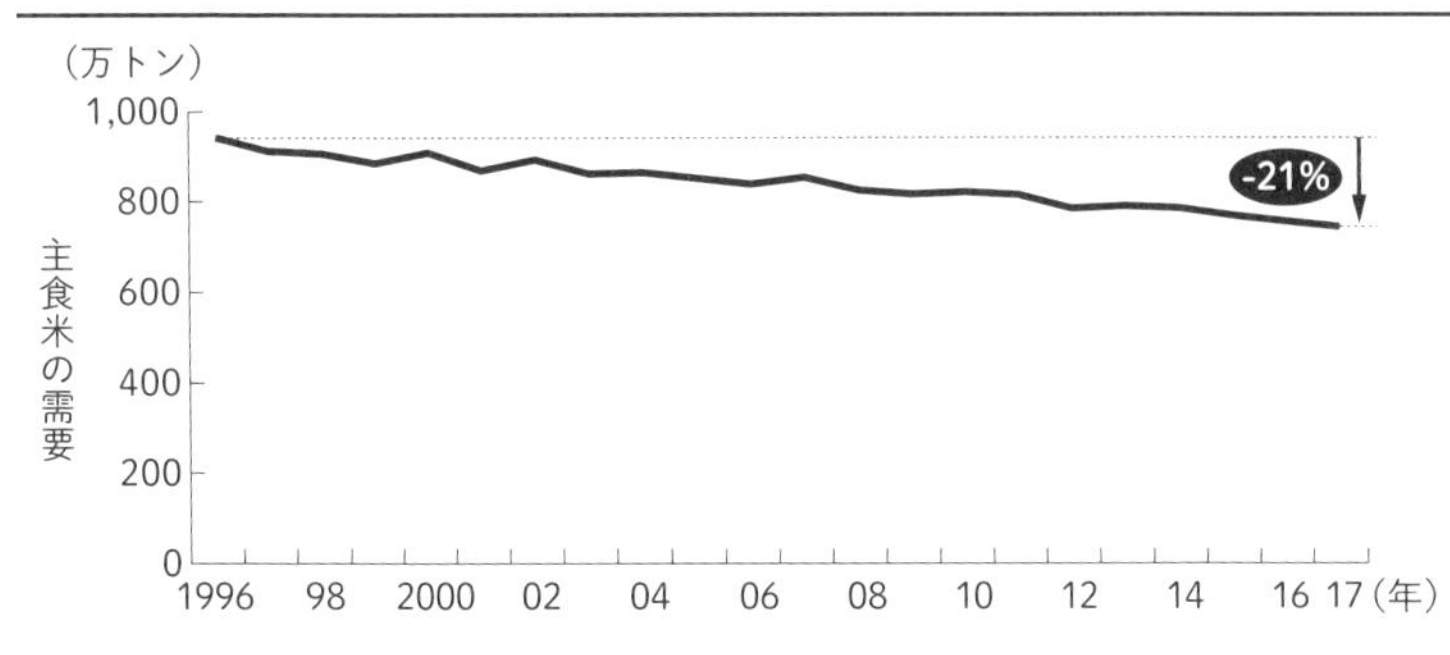

出所：農林水産省

魚はどうかと言うと、二〇一六年度の魚介類消費量を見ると、二〇〇一年度の消費量の六〇%にとどまるなど大きく減少しています。これもコメと同様、調理の手間と時間から敬遠されるようになったと見られています。

水産庁では、こうした傾向に歯止めをかける一つの方法として「ファストフィッシュ」というアイデアを打ち出しています。そのコンセプトは、料理の手間が省け、家庭や個人の食べる量に合わせたサイズ、保存性も考えたパッケージで魚を提供していくというものです。

海外での日本の農産物の評価

日本における食のトレンドを紹介しましたが、次に海外での日本農産物の受け止められ方を見ていきましょう。

ここでは、日本の農作物の主な輸出先である、

香港、台湾、中国の事情を見ます。

まず香港です。香港は、輸入規制が少ないこともあって、各国からの輸出がさかんです。日本からは種類、量ともに豊富に輸入され、農産物ではりんご、なしなど果物の比率が高くなっています。牛肉も人気の輸出品で、高級部位のロースやヒレなどの需要が高いようです。

日本産品は質が高いと評価されており、果物は百貨店や高級スーパーマーケットで贈答用として売られ、牛肉は外食率の高い香港に数多くある日本食レストランで扱われています。

台湾も、香港同様に日本食が浸透しています。メディアを通じて日本食文化の情報も豊富に流れ、日本の特産品やグルメ情報に関する需要も高まっていて、家庭でも日本の食材がさかんに使われています。ここでもやはり、りんごなどの果物は贈答用として珍重されているようです。特に青森産のりんごの知名度は高いと言われています。

牛肉に関しても高品質のイメージを持たれているようで、日本産和牛は同程度のオーストラリア産和牛の二〜三倍の値が付けられています。こちらも高級レストラン、高級スーパーなどで扱われています。豚肉は二〇一五年から日本産のものを輸入するようになり、輸入量は拡大傾向にあります。

次に中国ですが、日本の農林水産物・食品の輸出先第四位の国です。輸入規制が厳しく、日本で起きた牛海綿状脳症（ＢＳＥ）問題の影響のため、現在は日本からの牛・豚肉

図表6-2 消費者は製品よりもエクスペリエンス（体験）にますます多くの費用を費やしている

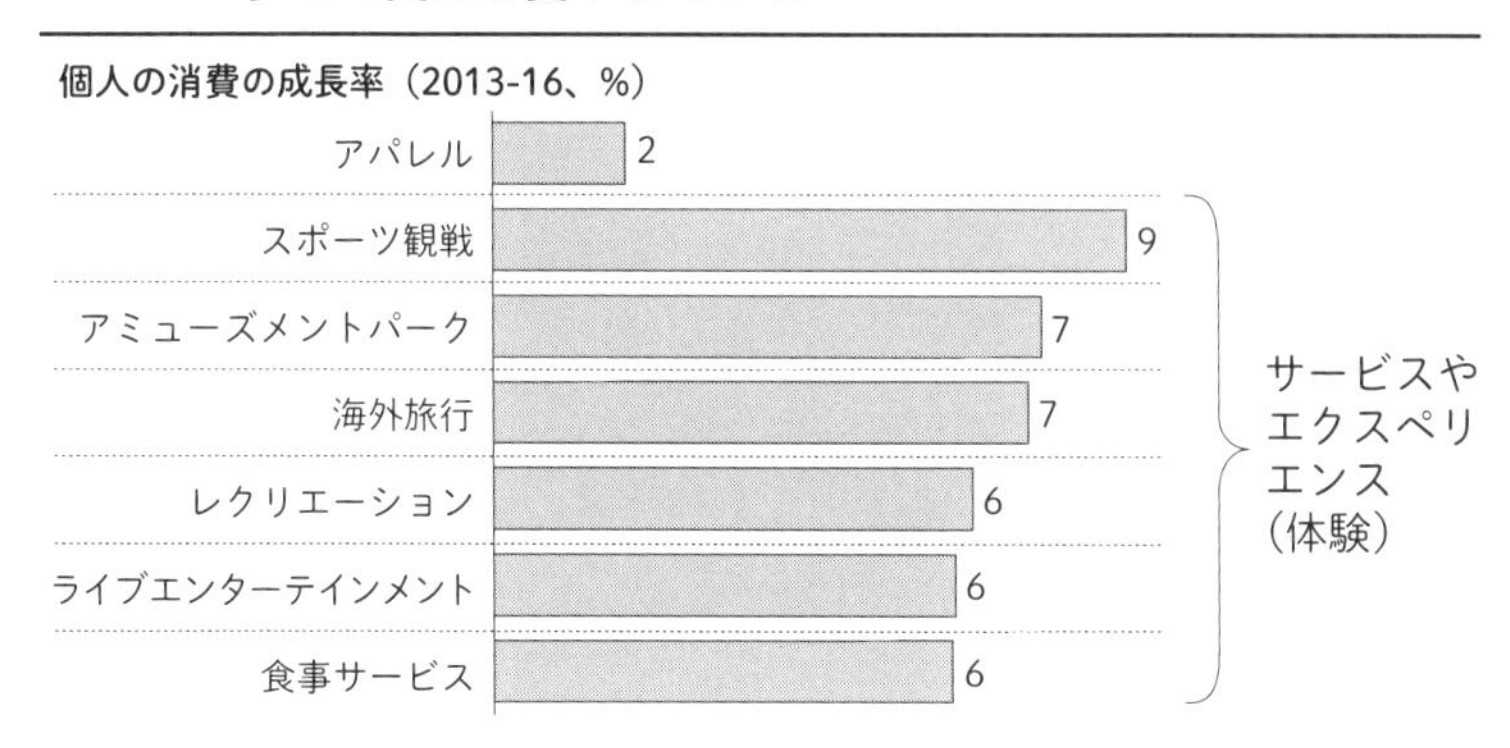

出所：Bureau of Economic Analysis

の輸入は禁止となっています。しかし、二〇一九年一一月二五日に日中両政府が、日本産牛肉の中国への輸出再開に合意しており（実際の輸出再開は二〇二〇年以降と見られています）、日本にとっては好機到来と言えそうです。

中国でもりんご、なしなどの果物が、贈答用や富裕層向けに人気を博しているようです。

こうして見ると、日本の農林水産物に対する海外の評価は、品質および信頼性の高さにあると言えます。日本産品が他国の競合商品との間で優位性を発揮するのは、高級品のカテゴリーのようです。

食事の「体験」に価値を見出す時代

かつては腹を満たすためにあった食事が、いまは単に食欲を満たすことよりも、どんな日に、どこで、どのようなブランドのものを、誰

図表6-3 **ミレニアル世代は、大手ブランドから食品を買う機会が少なくなり、独立系のショップや専門店で買い物をし、多様なオーガニックフード等を試す傾向**

ベービーブーマー世代に比べ、ミレニアル世代は

3.7x	大手メーカーの製品を避ける傾向が3.7倍
2.5x	スペシャリティ・ストアで購入する傾向が2.5倍高い
2.1x	オーガニック材料が大事と2.1倍考えている
1.7x	オーガニック品に対し、プレミアムを支払ってでも買いたいと、1.7倍考えている

出所：McKinsey Millennial Survey, May 2016, US only

と食べたかなど、食事を通した体験にますます価値を見出すようになってきました（図表6－2）。

こうした体験欲求に対応して、スターバックスではゴージャスな雰囲気と豊富なメニューで食事を楽しめるスターバックス・リザーブ・ロースタリーという店を開店させ、食事の体験づくりを演出しています。

近年、特にミレニアル世代と呼ばれる若者たちの嗜好が大きく変わってきており、それが購買行動にも大きく影響しているようです。大手ブランド会社の製品は敬遠され、チェーン店やデパートでの購入機会も少なくなって、むしろ小さな独立系のショップやこだわりの専門店での買い物が増えている、という調査結果も出ています（図表6－3）。

このように、ただ食べるだけ買うだけではなく、空間を含めて楽しむという価値は、高品質の農作物というだけではない、食べる環境などの付加価値をも含めて、日本農業が検討すべきテーマと思われます。

チョコレートとストーリー性の付加価値

それでは、農作物の付加価値づくりのお手本はないのでしょうか。本章では、チョコレートを題材としてとりあげます。有機、オーガニックのプレミアム・チョコレートの需要が、二〇一五年から二〇二〇年にかけて年六％のスピードで成長すると予測されています（図表6－4）。

ここで、チョコレートを取り上げるのには理由があります。

第一に、嗜好品である菓子の代表格であるチョコレートでさえ、オーガニックの需要が高まっていること。

もう一つは、単なるカカオ豆から作られる菓子というだけではなく、そのものの原産国はどこであって、どんな人々がどのように作っているのか、また製造する企業はどういった役目を果たしているかなど、サステナビリティの一つの観点としての Transparency（情報の透明性）と、チョコレートに込められたストーリーを求める時代になった、ということの典型例だからです。

こうした時代だからこそ、興味を引くストーリーを付加できれば販売につなげることが

図表6-4 **9億ドルの市場規模を誇る日本の高級チョコレート市場は、向こう5年間で6%の年平均成長率を示す見通し**

市場概況

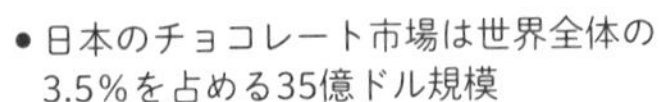

- 日本のチョコレート市場は世界全体の3.5%を占める35億ドル規模
- そのうち、高級チョコレートセグメントが市場全体に占める割合は21%
- 日本のチョコレート消費水準は中程度だが、高級品セグメントは年平均成長率6%で拡大すると予想される

チョコレート消費量

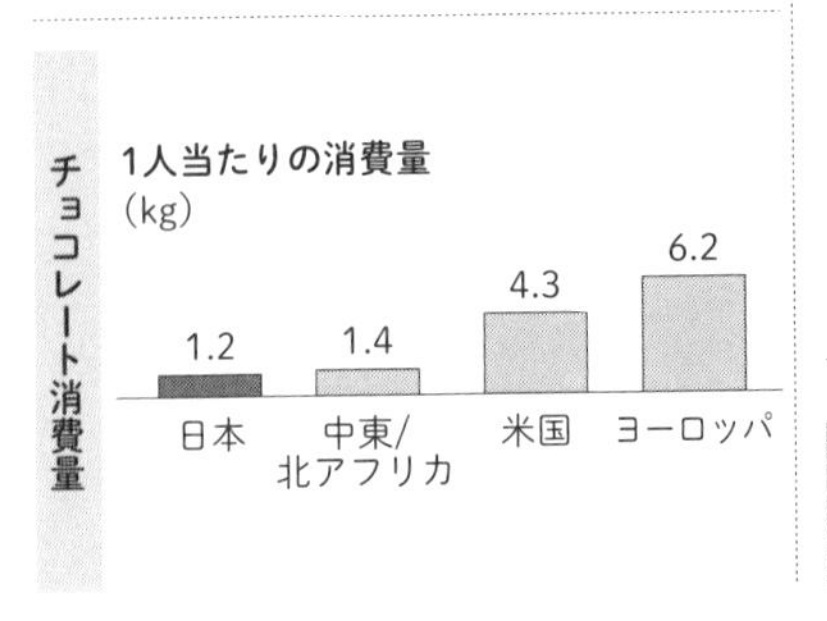

高級チョコレート市場の成長率
（百万ドル）
年間12%増
年間6%増
531
945
1,243
2010
2015
2020（年）

高所得者層による高級チョコレート志向が続くことで一定レベルの成長が予測される

出所：マッキンゼー

できると言うことができます。単なる板チョコではなく、職人の作るチョコレートやトリュフチョコ、Bean to Bar（Bean：カカオ豆がどこの国でどのように栽培され、収穫され、どのようにBar：チョコレートになるかの一連のプロセス）などといったストーリー性という付加価値を付けたチョコレートが、日本でも珍しくなくなりました（図表6－5）。

もの自体よりも、それが作られる過程のストーリーを売りにつなげるということ

図表6-5 「Bean to Bar」のトレンドが日本でもさらに拡大

	開始	チャネル	価格	製品
ダリケー	2011年	●1店舗 ●オンライン ●百貨店 ●ホテル ●駅	1,500円/3個入トリュフ1箱	アルチザンチョコレートトリュフ、アイスクリームなど
グリーンビーントゥバー	2015年	●2店舗 ●オンライン	1,620円/1本	チョコレートバー、アルチザンチョコレート、カカオニブなど
ミニマル	2016年	●4店舗 ●オンライン	1,080円/1本	チョコレートバー、スプレッド、ドリンクなど
ダンデライオン・チョコレート	2016年	●3店舗 ●オンライン	1,296円/1本	チョコレートバー、カカオニブドリンクなど
ICHIJI	2016年	●2店舗 ●オンライン	1,188円/1本	チョコレートバー

出所：各社ホームページ

の傾向は、さらに広がるでしょう。

同じように、日本の農作物を売り出すのに、胃袋を満たす食べ物の枠を超えて、メディアも巻き込みつつ、そこにさらなるイメージや付加価値を乗せ、消費を刺激していくという方法が多く取られていくようになるかもしれません。

食料品を扱うｅコマースの登場

もう一つの注目点は、ｅコマースです。ウォルマート、クローガー、ケロッグ、Ｐ＆Ｇなどの伝統的な食料品店や食品企業もｅコマースを取り入れました。アマゾン・フレッシュ同様の新たなビジネスモデルが登場し、食品業界、外食業界にもデジタル化の波が押し寄せたのです。ここでは、①自社ロジスティクス、②３ＰＬ、③料理キットの宅配、④クリック＆コレクトの四つのビジネスモデルを紹介しましょう（図表６－６）。

自社ロジスティクスは、小売業者が自社のサプライチェーンシステムにおいて倉庫と物流を統合し、小売業者が顧客との関係を常に管理します。

３ＰＬは、小売業者がラストマイル配送に３ＰＬ（サード・パーティ・ロジスティックス、第三者の企業）を活用するものです。

料理キットの宅配は、下ごしらえ済みの料理キットを配達するもので、二〇一六年の市場規模は約一〇〇〇億～一五〇〇億円に拡大しています。消費者は、少し高い料金を払うだけで料理の材料を必要なだけ受け取ることができます。

クリック＆コレクトは、オンラインで商品を選び、支払いを済ませた後、最寄りの店舗で商品を受け取るものです。受け取りや返品がしやすく、前出の３ＰＬと同様に小売業者はラストマイル配送に投資する必要がありません。

図表6-6 ソーシャルメディアやインターネットの影響により、食品eコマースが急成長を遂げており、ビジネスモデルは大きく4つに分けられる

		概要	バリュープロポジション	ネットスーパーの例
宅配	自社ロジスティクス	●小売業者は自社のサプライチェーンシステムにおいて倉庫と物流を統合	●小売業者が顧客との関係を常に管理	●Peapod ●Amazon Fresh
	3PL	●小売業者がラストマイル配送に3PLを活用	●流通に追加投資せずに専門業者にラストマイル配送を委託	●Instacart
	料理キットの宅配	●新興スーパーが下ごしらえ済みの料理キットを配達（2016年の市場規模は約10億～15億ドル）	●少し高い料金を払うだけで料理の材料を必要な分だけ受け取ることができる	●Peach Dish ●Blue Apron
店頭受取	クリック＆コレクト	●オンラインで商品を選び、支払いを済ませた後、最寄りの店舗で商品を受け取る	●商品の受け取りや返品がしやすく、ラストマイル配送に投資する必要がない	●Ahold Delhaize ●Walmart Supercenter ●Kroger

出所：各社ホームページ、CapIQ

最近の消費者行動の特徴として、ｅコマースの利用が年々増えていることが挙げられます。二〇二二年までに食料品市場でのネット販売は、二％から四～五％に成長すると見られ、消費者は近所のスーパーマーケットに行くよりも、アマゾン・フレッシュで自宅に届けてもらう方を選んでいるようです。

それに関連して、現代の若い消費者は、食におけるデジタル化と接する機会が増え、モバイル端末からの注文と配送が増えています。ウェンディーズやマクドナルド、ウーバーイーツなどが、そうした若者の行動原理を積極的に取り入れて対応しています。

躍進する米国の食品配達会社

では、ｅコマースで躍進を続ける米国企業を見てみましょう。

サンフランシスコを拠点とする Postmates 社は、地域のネットワークを活用して全米五〇州三五〇〇都市にオンデマンド配達プラットフォームを展開する、食品配達企業です。

米国全世帯の七〇％をカバーし、五〇万軒のレストランの料理を配達することで、先行する食品配達大手ウーバーイーツや DoorDash に対する競争力も身に付けたとされます。同社は、毎月五〇〇万件の配達を実施し、二〇一八年には一二〇〇億円の食品販売に対して四〇〇億円の利益を上げたと推測されています。

一方のウーバーイーツは、二〇二一年をめどにドローンによる配達も計画していると伝えられています。また、最大手の DoorDash は現在、三三〇〇都市で活動し、対前年比で三二五％の成長を遂げていると発表しています。

「農場から食卓へ」安心・安全を届ける

次は、eコマースでスーパーマーケットに対抗する米国のファーマーズマーケットの例を紹介します。

ファーマーズマーケットは、多くの米国都市にとって重要な存在となっています。そこには、商品を直接販売したいと考える小規模な有機農家の供給と、スーパーマーケット以外の購入先を求める顧客の需要が存在しています。

そのモデルを収益性の高い「オンデマンドの配達ビジネス」に変えたスタートアップ企業の一つが、GrubMarket です。

同社は、小規模の農場や他の供給者と協力して、レストランやさまざまな規模の店舗、消費者向けに食品を準備する企業です。もちろん直接消費者に対して、オンラインストアを通じて商品を販売・配達しています。

また、農家や卸売業者と協力し、レストラン、学校、その他の組織に結びつけて競合他社を統合するなど、ロサンゼルスやサンディエゴといった市場での買収も継続し、拡大しています。

GrubMarket に資金を提供する投資家の一つ Digital Garage（ＤＧ）は、同社について「競争が激化する食品のｅコマース領域で、ビジネスモデルの将来性と収益性に高い評価がある。事業をともに行うインキュベーターとして、ＤＧが持つ日本、北米、アジア、欧州をつなぐグローバルなネットワーク、さらにはＤＧグループの持つさまざまなデータ、マーケティングノウハウ、決済ソリューションなどのアセットの連携を通じ、GrubMarket の事業の成功を確信している」とコメントしています。

第7章

代替品・代替手法の登場

農業には、土地、労働力、農業資材、それらを調達するための資金など、必要な要素がいくつかあります。近年では、その一部について、代替品の検討や置き換え（すべての農業を置き換えるわけではなく、一部の代替の場合もある）が進められています。

農業という言葉からは、広い自然の土地の上で作物を育てるイメージが連想されます。しかし現在は、そのイメージを覆す耕作方法が次々と現れ、注目を浴びるようになっています。土壌を用いない農法や完全制御型の植物工場は、単に目新しいだけでなく、農業生産を行う作物や栽培エリアを検討する際に、実用的な選択肢になると考えています。

同時に、資金調達面でも変化が起きています。出資者を募って資金を集める方法で農業を営む農家も出てきました。

本章では、こうした新しい作物栽培や資金調達の方法について見ていきます。

広い土地、自然の土という常識を覆す

耕作の新しい動きとして、広い土地ではなく、ハウス栽培で、自然の土壌を利用するのではなく、フィルムを利用して作物を育てる方法が開発され、注目されています。水と養分だけを通すように無数に穴の開いたフィルムの上で作物を育てようというものです。農薬を使わなくても細菌等による汚染を防ぐことができ、高糖度のトマト栽培などで実績を上げています。

メビオール社のアイメック（フィルム農法）というシステムがあります。紙おむつなどにも使われているハイドロゲルでできた薄いフィルムの上で作物を育てます。フィルムには無数のナノサイズの穴が開いていて水と養分以外を通さないため、病原菌フリーの環境で作物を作ることができます。

作物はフィルムの表面に根を張り、必要な水分を吸い上げつつ多くの糖分やアミノ酸などを作り出します。その結果、高糖度、高栄養価の作物が出来上がるのです。

アイメックのシステムは、地面とは完全に隔離されているので、砂漠地帯やコンクリートの上など、どこでも農業ができると言われています。実際に、同社は、中国・上海近郊に設備を輸出しており、今後はアフリカなど、水資源の供給に不安がある新興国の開拓が予定されています。

さらに、特殊な止水シートが供給された水と肥料の外への漏れ出しを防ぐため、従来の農法に比べて大幅に水と肥料の使用量が抑えられます。トマト以外にもメロン、イチゴ、パプリカ、レタス栽培などに応用されており、今後の農業栽培の環境面での課題を解決する手段として期待されています。

課題解決なるか、日本の植物工場

二〇一九年六月の「日本農業新聞」に「植物工場の半数が赤字、黒字経営の事業者においても大半は営業利益率五％以下」と報じられていました。夢のようなテクノロジーというイメージのある植物工場ですが、すべてが成功というわけではなく、ひとにぎりの企業が成功している状況が続いているようです。ここで、北米の大規模農業を見てみましょう（図表7―1）。

図表の上位の事業体を見ると、売上規模は五〇〇〇万ドルから一億ドルで、栽培品目は葉物野菜やハーブが主体となっています。興味深いのは、完全制御型の農場と、従来型の露地と温室の併用があることです。

都市部にある、Gotham Greens 社や Aero Farms 社は、露地に比べ、土を使わない完全制御型の環境で栽培をしています。これは、都市部で労働力（栽培を行う人員）を集めるためには必要と言われています。また、ニューヨーク等の大規模な消費市場に隣接していることも強みです。

特に、ニュージャージー州ニューアークで世界最大規模の垂直型農園を運営している Aero Farms 社は、垂直型農園の代表として注目されています。

Aero Farms 社のシステムの特徴を列挙してみましょう。まず、①種まき、生育から収穫までを特許取得済みの再利用可能な布製培地で行う。②特別な波長の照明により光合成効率を高めるとともにエネルギー消費を削減し、ＬＥＤを作物により近付けることで垂直栽培における生育と一平方フィート当たりの生産性の両方を改善する。③ミスト・水耕栽

図表7-1 米国の生産企業のトップは屋内、屋外の両方に進出

	企業	売上げ（百万ドル）	エリア	作物
完全制御型のIndoor	Gotham Greens	105	ニューヨーク、シカゴ、ボルチモア	ケール、スイートサンライズグリーン、ベルベットスパイスブレンド、ワイルドワサビ
	Aero Farms	50	ニューアーク	完全無農薬の「ドリーム・グリーン」ブランドでのベビーリーフ、ターサイ、ベビーリーフミックス
露地と温室栽培の併用	Jacobs Farm Del Cabo	70	カリフォルニア	米国・カナダ向けの30種類以上に及ぶ野菜やハーブ
	Bonnie Plants Inc.	58	アラバマ	米国の小売企業（Walmart、Home Depot、Lowe's）向けの250種類以上に及ぶ野菜やハーブ

完全制御型は下記のような地域に適す
- **都市部、高所得地域**
- **大規模な消費市場に隣接する地域**

屋外、従来型の温室農業は、カリフォルニアやアラバマ等気候の良い場所で行われている

大規模栽培は葉物・ハーブ生産が中心

出所：各社ホームページ

培技術により根に養分、水分、酸素を供給する仕組みを用い、他の栽培法より生育サイクルが短く、バイオマスの増加スピードが速い、クローズド循環システムにより養分液を再循環し、水の使用を九五％カットし、④特殊な病害虫防除プログラムの導入により農薬が不要。⑤クリーンな環境での野菜の生育による食品安全の向上を達成し、多くの葉物野菜について賞味期限が一〜二週間から三〜四週間に改善したという点が特徴となっています。

冒頭に述べた、日本国内における植物工場が苦戦している理由としては、⑴栽培コストの高さ、⑵栽培のスケール拡大時の対応、⑶大手販売先へのチャネルの安定性が、挙げられますが、Aero Farms 社は、特殊なＬＥＤの導入や養分液の効率的な利用（循環システム）により日本の直面する⑴や⑵の課題を、農薬不使用というマーケティング（ドリーム・グリーンというブランド）や都市近郊型であることで⑶の課題を解決しています

もう一つ見ておきたいのが、ジェフ・ベゾスをはじめとする投資家たちが注目している Plenty 社です。多くの垂直型農園（Vertical Farming）が採用している縦積みのプランターや栽培棚ではなく、葉物野菜を充塡した二〇フィートのグローウォールを採用。水や肥料は、重力を利用して壁を伝って供給され、高価なポンプ等を必要としないことを強みとしています。

その他に、海洋農場（海に浮かべる土壌なしの栽培システム）があります。海水は無限

に利用可能なので、その特性を活かした農場となります。しかし、まだ構想段階の域を出ず、技術開発も実践も商業規模での適用は今後に待たれます。

都市の農場――栽培用コンテナ

農作物は、地方もしくは郊外の広大な田畑で栽培される――そんな常識を一変する農法も生まれようとしています。植物工場の発展形としてのコンテナによる栽培法です。

米国のボストンを拠点とするFreight Farms社は、コンテナ型の植物工場を都市の小規模区画に配置して栽培を行い、都市部にあるレストランに届けるビジネスを展開しています。彼らは、アーバン・ファーミング（都市型農業）と称しており、通常、郊外に設置されることが多い植物工場をコンテナという形で都心部のレストランの側に置くことで、消費地に近い立地を活かした鮮度による農作物の付加価値向上、作物の輸送コスト低減などに取り組んでいます。

例えば、東京のレストランが野菜を仕入れる場合に、アーバン・ファーミングを活用すれば、土地代などのコストは都内で作るため割高になるかもしれませんが、その代わりに、輸送コストがかからずとれたての新鮮なものを手に入れることができます。

クラウドファンディングで資金調達

最後に、農業の資金調達の方法にも新しい波が起きています。日本で農業の資金調達と言えば、金融機関からの借り入れが一般的でした。一方、海外では近年、クラウドファンディングでの資金調達も現れています。

出資者から金を集める→生産者はそれを元手として種子や肥料などを購入し、作物を育てる→マーケットに販売する→販売して得た利益は出資者と生産者でシェアする、という流れになっています。赤字が出た場合は、当然ながら出資者が利益を手にすることはできません。

この場合、出資者は、農業を投資の対象と考えつつも、生産者への感謝の気持ちをこめた支援と考えることもできます。海外では、農家・農業はリスクの高い仕事（天候に左右される等）と考えられることがあり、そのリスクを農家と消費者でシェアしようという考え（リスクシェア）にもとづいています。生産者は資金がなければ大規模に農業を営むことができないので、出資者から支援してもらって栽培するという、ウィンウィンの関係を築くといった構図になります。

例えば、インドネシアの iGrow 社は、一般の人（出資者）から資金を集めて、それを元手に生産者が種子・肥料等を買って栽培し、最も高い市場に販売をします。

どの市場がどの作物をいくらで買うかのマーケット価格は、インドネシア国内の市場においてオープンで透明なものとなっています。利益分は、出資者と生産者でシェア（販売赤字の場合は出資者には利益は戻ってこない）というタイプのクラウドファンディングで、一〇〜二〇％という高リターンを示しています。

日本でも昨今、クラウドファンディングが盛んになってきているため、農業においてもこの考え方が浸透し、海外同様に広がりを見せると考えられます。

現在、国内のクラウドファンディングを見ても、READYFOR（レディーフォー）が農業に関するプロジェクトを扱っているほか、FAAVO（ファーボ）、株式会社農天気といった企業が、農業クラウドファンディングを立ち上げています。

これらの企業のホームページでは、実際に農業に従事している人や現場の写真等の情報を閲覧でき、また、数千円からでも寄付・出資が可能となっています。

一方に農業のスキルはあるが大規模に農業を営むための資金がない人がいて、他方には金銭的な余力があり投資先を求めている人がいるとすれば、その両者を結び付けるのがクラウドファンディングです。クラウドファンディングを通して生産者と消費者の距離が近くなるという点でも、良い取り組みになると思われます。

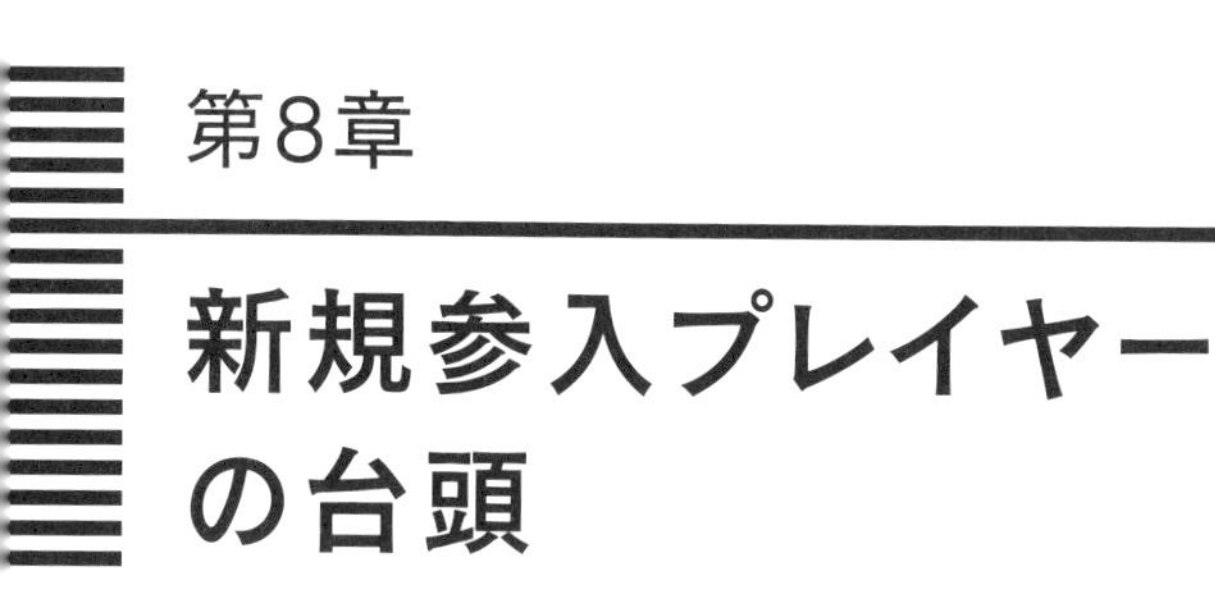

第8章

新規参入プレイヤーの台頭

ここまで述べてきたように、農業は農家だけのものという考え方はすでに時代遅れで、実際にはさまざまな企業が、農業に新たなビジネスモデルを求めて積極的に参入してきています。第8章では、近年の企業参入の伸びや、各社の取り組みを見つつ、その農業プレイヤーをサポートするように登場したアクセラレータやインベスター、アグリインサイトエキスパートといった存在も紹介します。

農業は今、周辺産業も巻き込んで、大きなエコシステムを形成しています。

新規参入企業と投資金額の記録的な増加

農業ビジネスは、さまざまな方面の企業から構成されています。それらを列挙すると、①肥料、農業、種子企業、②農機具およびOEMメーカー、③ハードウェアおよびツールメーカー、④大手小売企業、⑤農業法人、⑥スタートアップ企業、⑦テクノロジー大手、となります。参入企業には既存企業もありますが、新規参入も増えています。

そして、食の安全性・トレーサビリティ（ブロックチェーンにより商品を追跡するために必要な時間を大幅に短縮し、透明性を向上する。RFIDタグを使ってサプライチェーンの透明性を向上させ、不具合が発生した際はリコールをかける）、害虫、雑草や植物病害による被害を低減（除草ロボットにより労力とコストを削減、CRISPRによるゲノム編集により病害への耐性を向上、ドローンやデータアナリティクスによる栽培の効率化）といった世界的な農業課題に有効な画期的ソリューションを持った企業も、多数参入しています。

農業ビジネスへの注目度の高さは投資にも見られます。農業資材メーカーから、機械メーカー、ハードウエア会社、精密農業分野、貿易関係に至るまで、投資を受けている企業は年々増加し、図表２－４（74ページ）でも見たようにベンチャーキャピタル（ＶＣ）による投資金額も記録的なペースで伸びています。

日本でも多数の企業が参画

日本国内においても、有名企業が農業に関する新規事業に参入して、新たなソリューションを提案しています（図表８－１）。

トヨタ自動車は、自動車事業で培ったカイゼンという考え方と手法を、農業に適用しようと乗り出してきています。日次作業計画の自動作成や農作業の進捗状況に関する集中管理、ビッグデータにもとづいたＰＤＣＡサイクルなどの機能を持つ農業ＩＴツール「豊作計画」を開発しています。

ＡＥＯＮは自社で農場を所有し、子会社のイオンアグリ創造でＩＴを活用したトマトの生産などを実証中です。その他に、富士通のクラウドサービスＡｋｉｓａｉを導入して、農業のベストプラクティスを可視化するビッグデータ分析を行っています。

図表8-1 日本においてもさまざまな企業が、農業の課題解決に向けて農業分野に飛び込んでいる（下記を抜粋）

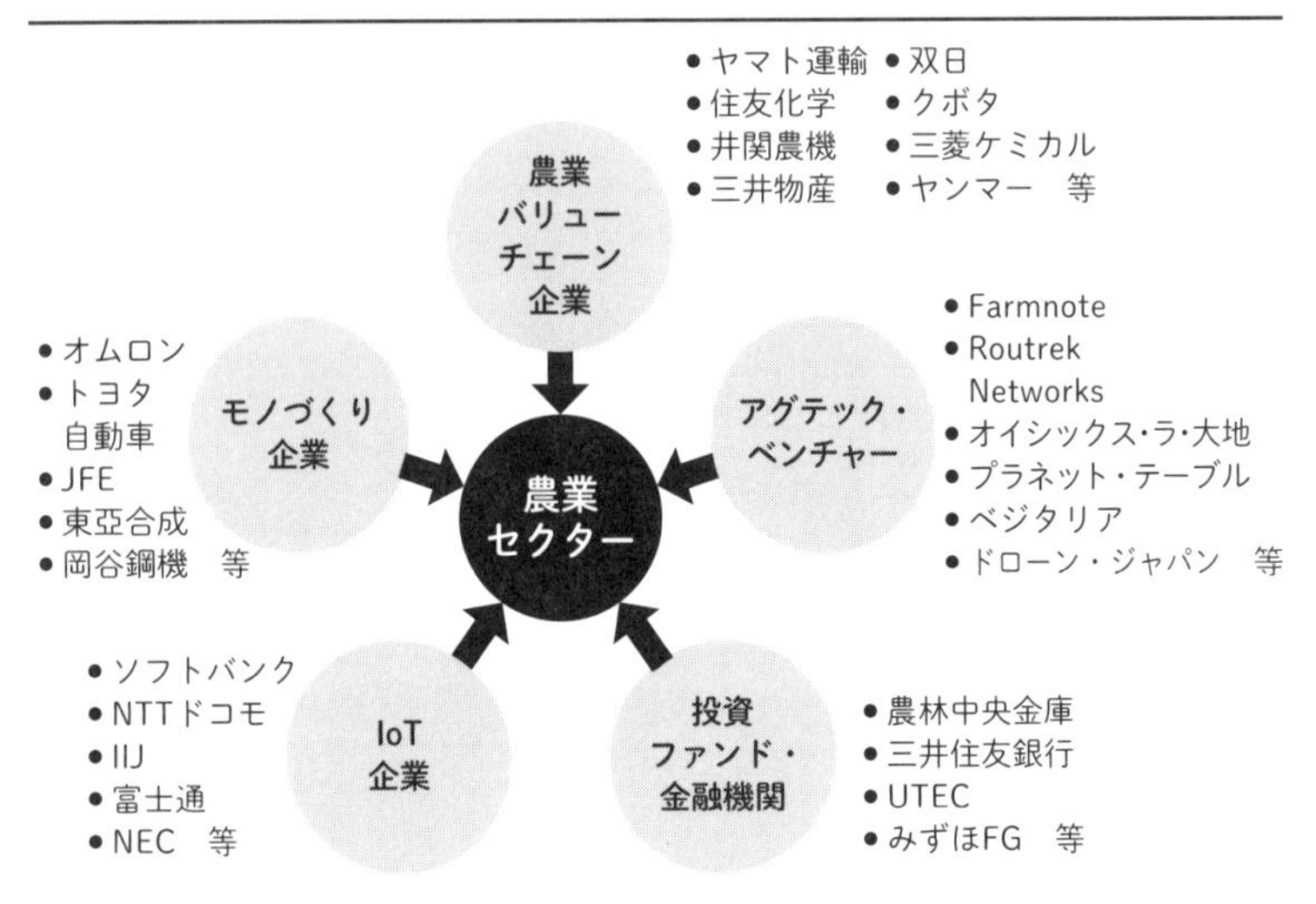

出所：各社ホームページ

漁業では、養殖にデジタル技術が使われています。日本水産が持つ宮崎県のブリの養殖拠点では、魚の動画を水中カメラで撮り、データをクラウドに送ると魚の生育状態や体長・体重などが表される、というシステムの実験が行われています。この技術の提供者はNECで、魚を傷つけることなく体重が測れ、魚群の平均値も測定できるとしています。

ソフトバンクは、農業バリューチェーンの各段階（農地のマッチング、栽培管理など）でサービスを提供しています。そこには、農業バリューチェーンをエンド・トゥ・エンドで押さえる新たなエコシステムを作ろうという意思が見てとれます。

農業の「当たり前」と企業の「当たり前」

農業従事者は、言うまでもなく、実際の農作業に関する経験と知識は豊富です。しかし農業だけの環境と人脈のなかで生活する人が多く、一般的に、他の企業の情報に触れる機会は非常に少ないと言えます。

こうした状況の下で、これまで農業とは縁の薄かったプレイヤーの農業参入に伴い、新しいテクノロジーだけではなく、従来の農業の「当たり前」に製造業や小売業といった一般企業のベストプラクティスが導入されています。農業のスタンダードにはなかった視点が開けて進化を遂げる、というメリットが生じているのです。

農業経営においてこれまで解決策がわからずに困っていた課題のなかには、異業種企業がすでに解決策を見つけているものもあります。その提供が農業に新たな価値をもたらすことになります。

例えば、農家の悩みが次のような場合、

- 規模を拡大したいが農地が見つからない。見つかったとしても借入・買収が可能な土地は零細地も多く、魅力的な土地が少ない

これに対する企業側の知識・ノウハウは、

- 利用希望者に合わせた最新の購入・賃貸可能な土地の一覧が入手可能（利用希望者と土地所有者をつなぐプラットフォーム）
- 多数の取引実績にもとづく土地の価値算定、土地の利用価値にもとづく、合理的な価格付け

このように農業にビジネスノウハウを適用させていこうというのが、参入企業の狙いです。生産者が今までは無理だと諦めていたことや苦労をしていたことに対する解決の扉を開くことができる可能性があり、新たなブレイクスルーが生まれるかもしれません。

世界のアグテック企業を支えるエコシステム

このように、農業に参入しようとするアグテック企業は増えていますが、斬新な技術、確かな技術さえあれば成功するというほど単純ではないようです。

農家が農作業の専門家であって経営手法の情報が得にくいと述べましたが、アグテック企業も同様で、技術には強いのですが農業に関しては素人であったり、スタートアップ企業なので資金調達や経営手法などのビジネス面でも万全でない場合があります。

世界では、そんなアグテック企業の弱点を補強するために、アクセラレータ、インベスター、アグリインサイトエキスパートの三つのグループがエコシステムを形成しています（図表8－2）。

図表8-2 グローバルではアグテック企業、アクセラレータ、インベスター、アグリインサイトエキスパートがエコシステムを形成。日本においてもこれらの環境整備が必要ではないか

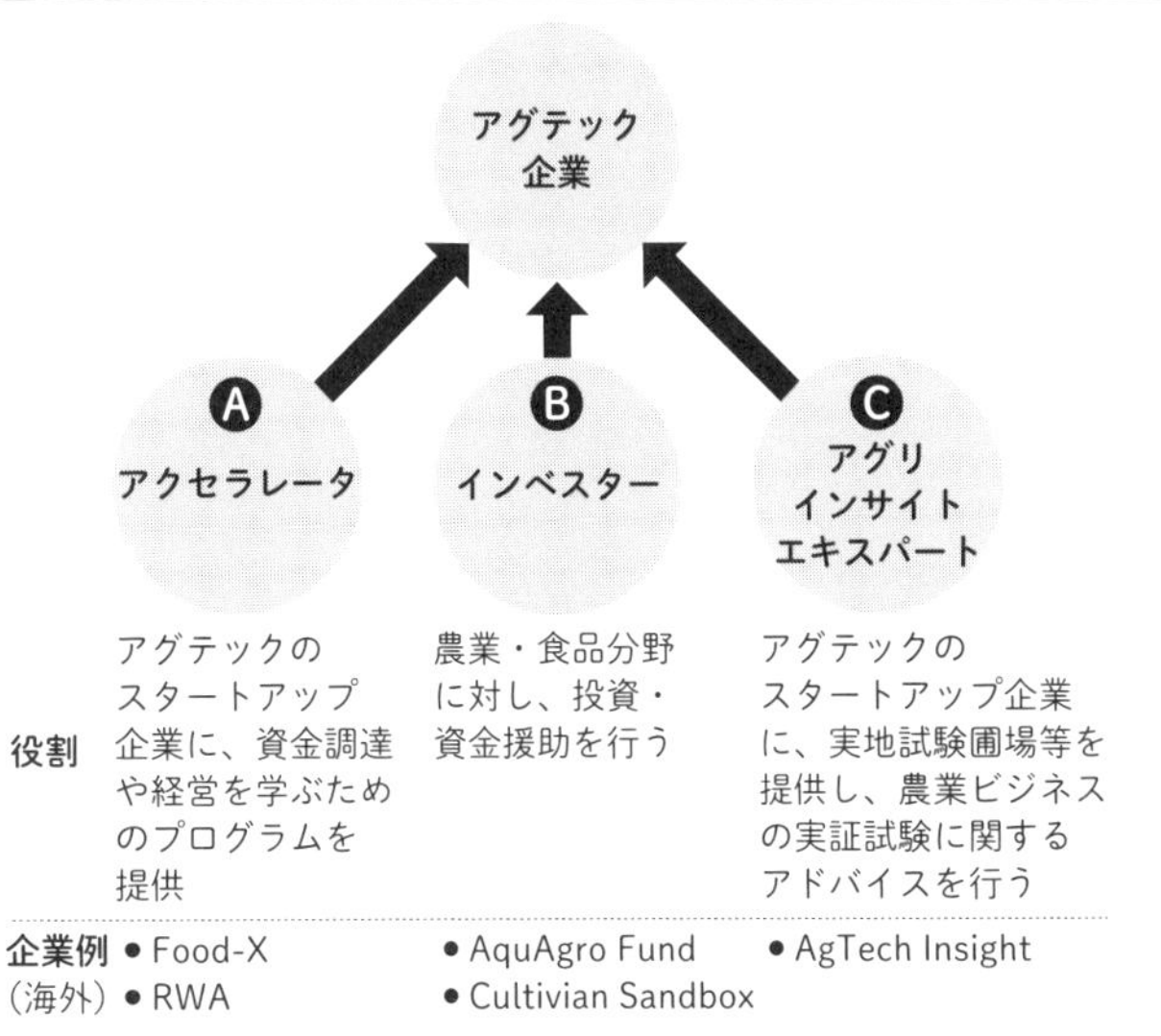

	A アクセラレータ	B インベスター	C アグリインサイトエキスパート
役割	アグテックのスタートアップ企業に、資金調達や経営を学ぶためのプログラムを提供	農業・食品分野に対し、投資・資金援助を行う	アグテックのスタートアップ企業に、実地試験圃場等を提供し、農業ビジネスの実証試験に関するアドバイスを行う
企業例（海外）	● Food-X ● RWA	● AquAgro Fund ● Cultivian Sandbox	● AgTech Insight

出所：マッキンゼー

アグテックのスタートアップ企業は、技術に特化しているため、ビジネスや経営、資金繰り、資金運用などのスキルは弱い場合が多いのです。

そうした弱点を補完するため、Ⓐのアクセラレータというグループは、アグテック企業に、資金調達や経営を学ぶためのプログラムを提供します。

また、アグテック企業が活動するためには実際に資金が必要となります。Ⓑのインベスターは、農業・食品分野に対して投資や資金援助を行います。

そして、アグテック企業に、実際に畑で作物をどのように栽培するかなど、実地試験圃場を提供して農業ビジネスの実現可能性を高めるためのアドバイスを行うのが、Ⓒのアグリインサイトエキスパートです。

これら三つのグループが、Ⓐ学習させ、Ⓑ資金を提供し、Ⓒさらに実際に使う圃場を提供するという、それぞれの役割を果たしてアグテック企業を育てていくのです。

海外では、この三つのグループが揃って登場してきています。

例えば、あるアグテック企業に研究者出身が多い場合、自分たちの開発した技術を動かす「電源」はどこにでもあると考えている人もいると聞きます。当然のことですが、畑のまん中に常に電源のコンセントがあるとは限りません。そのような常識的なことから、よりハイレベルな栽培知見も含めて実地でテストをさせるのが、Ⓒのアグリインサイトエキスパートとなります。

アグテック・エコシステムの具体例

前項で述べたエコシステムを構成する三つのグループの例を紹介します。

まずアクセラレータです。オーストリアのＲＷＡ（Raiffeisen Ware Austria）は、アグテックのスタートアップ企業に向けて資金調達や経営を教える Agro Innovation Lab というアクセラレータ・プログラムを提供しています。

このプログラムは、スタートアップ企業に対して約一カ月にわたって新規事業の立ち上げに必要なマーケティングや財務などを講義します。

そしてこのアクセラレータはアグテック企業を育てる役ではありますが、プログラムのなかのコンペティションで御眼鏡にかなったアグテック企業に自ら投資も行います。つまりインベスターを兼ねるという形を取るのです。

アグリインサイトエキスパートは、複数の専門家をネットワークして対応し、場合によってはアグテック企業に実験用の圃場を貸し出して、圃場で得られる知見をもとにアグテック企業にアドバイスする役割を果たします。

これら三つのグループ（アクセラレータ、インベスター、アグリインサイトエキスパート）によるサポートの仕組みは、米国やヨーロッパではすでに進んでいますが、今後日本でもこのアグテック企業をとりまくエコシステムの形成を加速させて、生産者が使いやすく生産性が高まる技術を普及させることが重要と考えます。

第II部

日本の食と農の未来

第Ⅰ部では、さまざまな観点から日本の農業を取り巻く世界の動きを見てきました（Forces at Work）。第Ⅱ部では、そうした状況を踏まえて、日本の農業がその力を最大限発揮するためには、今後どのような将来像を描けばよいかについて論じます。

第9章では、現在、すでに生じている日本農業への脅威やオポチュニティ（可能性）について、農業バリューチェーンに沿って整理し、日本農業をより良くできるのではないかと思われるポイントを提示します。

第10章では、日本農業とそれを取り巻く農業以外の産業も含めて、中長期的な目線で、将来にどのような可能性があり得るかを整理します。

第9章

日本農業に期待される新たな挑戦

栽培	物流・販売	アグテック（テクノロジー）
●ベストプラクティス（篤農家の技術）は存在するが、見るべき指標や農作業が定型化しきれず、次代への継承が困難	●出荷量と需要量が直前まで決まらないため、物流ルートの最適化が難しい ●気象等の影響で、市場価格が大きく変動	●玉石混淆の状態 ●農業現場におけるROI（投資対効果）が不明瞭

●作物や地域ごとにベストプラクティスの栽培方法をレシピ化、横展開 ●栽培環境の自動化も活用し、農作業プロセスに埋め込む	●産地と消費地の間で最適化された物流ルート、積載量管理 ●eコマースによるB2B, B2Cマッチング ●データにもとづく価格変動予測、ヘッジ	●アグテックを取り巻くエコシステムの構築（アグリインサイト等） ●日本の農業にあった、ROIの高いアグテックを管理・評価

農業は、栽培計画から始まり、土地・労働力の確保、さらに肥料などの資材を調達し、そして栽培、収穫された作物を流通・販売を通して消費者に届ける、というステップを踏んで行われます。

現代の農業では、それぞれのステップにアグテックのようなテクノロジーが導入されていることはすでに紹介しました。そこで本章では、各ステップの現状や新たに期待されるオポチュニティ（機会）について見ていきたいと思います（図表9－1）。

図表9-1 日本農業における課題と期待される新たな機会

	栽培計画	土地・労働力	資材調達 （肥料・農薬・資材・飼料等）
日本における課題	●1人ひとりの生産者が思い思いに作りたいものを作る（プロダクトアウト）	●規模拡大の際に農地情報が一覧されていない等 ●労働力は地域コミュニティに依存	●全生産者に農薬・肥料等の知識があるわけではなく、思い思いの資材を選ぶ結果、少量多品種となる

 今後の改善機会	●実需者（仲卸・小売等のバイヤー）のニーズから販売計画→生産・収穫計画→調達計画の順で、逆算して計画が立てられるようになる（マーケットイン）	●購入・賃貸可能な土地の一覧が入手可能。土地の農業生産の価値算定の知見が蓄積 ●企業退職者等も含めた人材プールから生産者と働き手をマッチング	●検証を重ね、ベストな資材投入の組み合わせやプロセスを設計 ●環境負荷低減型のバイオ農薬等や土壌診断にもとづいた、肥料投入量のマネジメント

出所：マッキンゼー

収穫時期から逆算した栽培計画の策定

従来の農業では、一人ひとりの生産者がそれぞれに作りたいものを作る（プロダクトアウト）というスタイルが主流でした。効率的な栽培計画を立てるというよりは、前年踏襲の作法を続け、他産地の状況や気候等により乱高下する農作物価格のなかで、生産者はその不確実性を楽しむかのような傾向も見せていました。

しかしながら農業が大規模化し、雇用する労働力や購入する肥料・農薬・資材のボリュームが大きくなるに従い、可能な限り安定的な価格で、決まった量を販売する必要性が高まってきました。そのため、卸売市場の先の実需者（仲卸・小売店や食品加工業者等のバイヤー）と生産者が直接話し合い、需要と供給の確実性を高めた需給調整を行う場面も出てきています。

そうなると、どの作物をいつ栽培するかという栽培計画については、市場や実需者側で高値が期待される出荷時期（日・週単位での短期の変動は予想が難しいが、月単位の大きな変動は予想できる）を見通し、そこから逆算して播種・栽培開始の時期や生産数量を決めることが、経営シミュレーションによって可能になってきます。

例えば、鍋のシーズンに使用される食材や、ある時期に他産地が出荷できない作物には、単価（価値）が上がるタイミングが存在します。この時期を狙って、逆算し、計画を組むことが行われつつあるのです。

栽培計画をテクノロジーで見える化

栽培計画を進める上での新しいビジネスが、米国やカナダをはじめとする海外で起こっています。例えば米国のクライメイト・コーポレーション社は、土壌のテストデータや衛星画像のデータに加え、各種農機から得られるさまざまなデータを集約して統合分析する技術を開発しています。

得られたデータから区画ごとの播種計画を設定し、計画データによる農機の制御を可能

図表9-2 クライメイト・コーポレーション社は、土壌テストデータ、衛星画像データに加え、各種農機から得られるさまざまなデータを集約し、統合分析する技術を開発。最適な栽培計画の策定支援に結びつけることで……

	サービス概要
播種計画策定支援	●**土壌特性見える化**：過去の土壌テストのデータをもとに土壌図を作成、**土壌特性の区画を見える化** ●**播種計画管理**：ソフトウエア上での**区画ごと播種計画の設定**、計画データによる**農機の制御**が可能 ●**カウンセリング**：データをクライメイト・コーポレーションに**共有すると播種計画について専門家のカウンセリングを受けられる**
作物健康状態モニタリング	●**作物健康状態モニタリング**：過去と現在の**衛星画像データを画像認識により解析**し、作物の健康状態をモニタリング ●**病害予防の効率化**：作物の健康状態が悪いエリアを示すことで農家が手入れすべきエリアを優先付け、**作物の病害を効率的に予防**
地中窒素量モニタリング	●**地中窒素量の現状把握**：現状の地中窒素量を過去肥料投入量、気象状況、作付状況などのデータを分析して試算 ●**肥料使用最適化**：**最適な肥料投入量・時期**を平方メートル単位の細かいレベルで農地を区切って指示
収穫量分析	●**栽培計画の策定支援**：**細かい農地区画・土壌特性・種子ごとの収穫量を見える化**。次年度に農家が各農地区画ごとに最適な栽培計画を立てることを支援

出所：クライメイト・コーポレーション社ホームページ

図表9-3 米国の大規模農家を中心に顧客を年々拡大し、直近では米国全農地の10%をカバーするデファクトとなりつつある

顧客ベース

- **米国大規模農家を中心に展開**
  - 米国に**10万戸の顧客ベース**を持つ
  - 平均的な顧客は500haの農地を持ち**大規模農家が中心**
- **近年国外展開を開始**
  - **2016年末にカナダ・ブラジルでサービス展開開始**
  - 2016年末、エストニアで農地管理ソフトを手掛けるスタートアップを買収し、**ヨーロッパ展開も計画中**

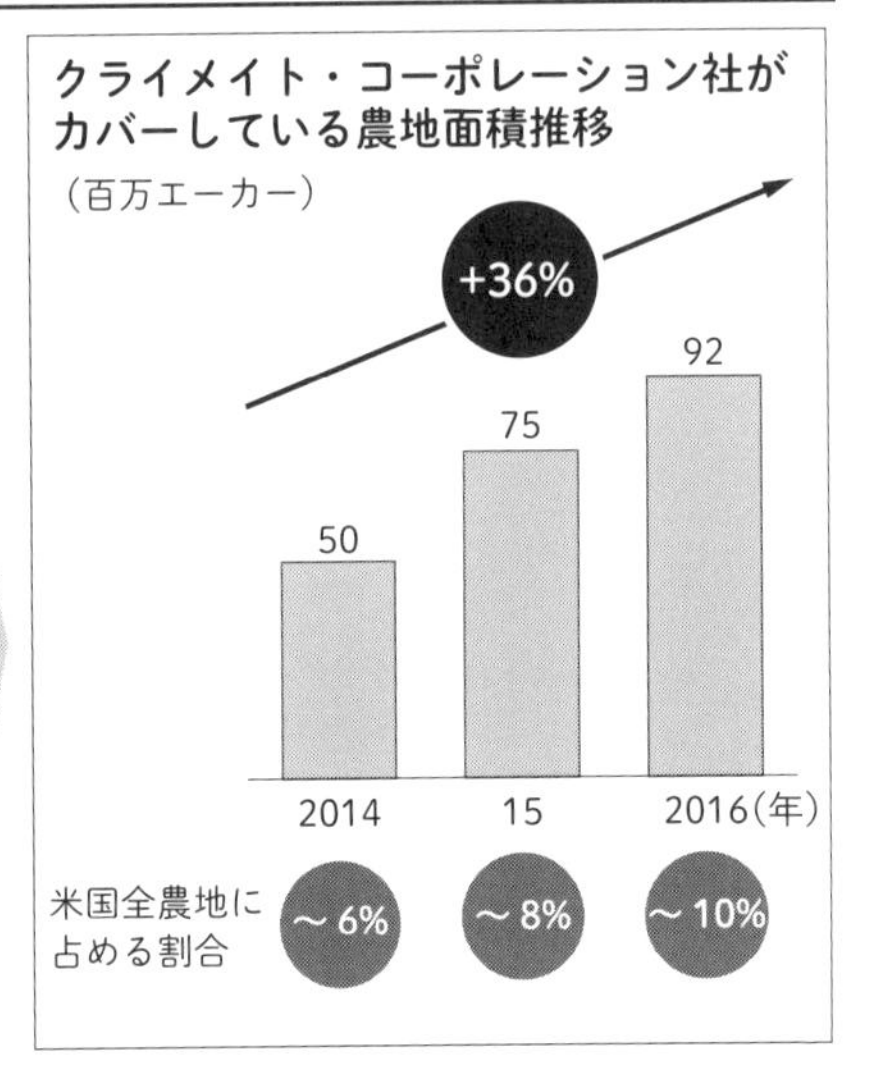

出所：クライメイト・コーポレーション社ホームページ

にする。過去と現在の衛星画像データを解析し、作物の健康状態の悪いエリアを示すことで農家の手入れの優先づけをし、作物の病害を効率的に予防する。最適な肥料投入量と時期を平方メートル単位の細かいレベルで示し、肥料の使用量を最適化する。次年度の最適な栽培計画の策定を支援するために細かい農地区画・土壌特性・種子ごとの収穫量を見える化するなど、経営のサポートとなるツールを開発しています（図表9－2）。

同社は、米国の大規模農家を中心に年々顧客を拡大し、すでに米国全農地の一〇％をカバー

するデファクトスタンダードになりつつあるということです（図表9－3）。

ただし一言付け加えるならば、今でこそ成功を収めているこの会社も、当初は試行錯誤の連続だったということです。

データサイエンティストなど精鋭の技術者を投入して注目を集めたのですが、やはり農業の実務については素人集団だったこともあって苦戦したようです。そこで、農業に詳しい人材を幹部に据え、水質や水分量調整の専門企業を買収するなどして、ようやく一定の成果が出るところまでたどり着いたということです。

日本企業の例も一つ紹介しましょう。テラスマイルという会社です。二〇一五年にＩＢＭ×サムライインキュベートスタートアッププログラムにおいて非常に評価されている会社です。気象データ等のビッグデータと農業経営の実績をもとに経営計画を策定したり、モニタリングのためのデータ運用のひな形を地方自治体や農家に提供し、農家とディスカッションを重ねるなかで課題を吸い上げ、アドバイスしたりする企業です。記事によると、同社はこの手法を用いて宮崎県内のピーマン農家グループで三年間実践し、三年目には、二年目の一五％の収量増を達成しています。こうした企業が、日本でも現れてきています。

生産者には難しい「良好な」土地の確保

栽培計画に沿って栽培を行う際、必要となるのは農地です。規模拡大を目指す生産者が新たな土地の入手を目指すとしても、現状は障壁に阻まれがちです。

利用希望の土地について、所有者が不明であったり借り入れの条件等が明確に示されていなかったり、そもそも一覧にさえなっていません。仮に土地所有者が明らかになっていたとしても、利用価値が維持された状態で土地が管理されておらず、多くの場合、利用者が改めて圃場整備をする必要があります。

こうした現状から、新しい機会として注目したいのが、農地の不動産事業です。米国のFarmland Partnersは、一言でいえば「農地のデベロッパー」企業です。

小さな農地を買っても、大型トラクターを入れられるような大規模農業はできません。そこで、小さな土地を買い集めて集約して大きな面積にし、利用価値を高め、農家に売るという、農地の不動産業のようなことを行っています。不作の可能性や水資源の状況など、入念な調査を行った後に土地を格付けし、入手し、労働力を雇って、農地の状態を維持するために耕作を行っています。

同社は、現在、一五万エーカーの土地を所有し、この農地への投資ビジネスのリターンは一〇・五％／年と発表しています。これはＮＡＳＤＡＱ平均（九・七％）やＳ＆

P500（六・七％）を上回る高いリターンです。同社は「今後、食料需要が二〇五〇年までに四五・五％増え、他方で、農作物の供給は四・三％しか伸びないと見られているので、この農地ビジネスの収益は中長期的にも上昇する」と説明しています。

国内における農地のマッチングサービスとしては、リデン株式会社が「農地の窓口」というプラットフォームを提供しています。農地の情報がオンラインで提供され、探したい「県」「用途」「面積」を入力することで素早く農地を検索できるという機能です。

さらに、第7章で紹介したフィルム農法や都市近郊型のコンテナ農法といった、土壌等の栽培環境に左右されない新しい農法も出てきています。これらを活用することで、より広い面積の活用やこれまで検討しなかった品種の栽培も可能になると考えられます。

マッチングが重要な労働力の確保

労働力に関しては、従来は地域コミュニティに依存していました。「向う三軒両隣」と言われるように、収穫の繁忙期には、向かいの三軒や左右の二軒に声をかけ、農作業を臨時に手伝ってもらうことで、労働力を確保していました。これが、高齢化によって力仕事を頼めなくなり、近隣の若者は街の飲食チェーンのアルバイトとして取られたりして、労働力の確保が難しくなっています。

こうした現状に対処するため、近年では、外国人労働者や地域企業の退職者などの活用も視野に入れた活動がなされています。例えば長崎県では、二〇一九年二月に県の出資する法人が人材派遣会社を設立し、雇用する外国人を各地の農業現場に派遣する事業を進めています。四年後をめどに三〇〇人の応募を達成し、県下の農業を拡大する考えとしています。

労働力と生産者のニーズのマッチングも非常に重要と言われています。

例えば、賃金水準や休日の扱いがネックになる場合でも、生産者と労働者の双方に相談の余地がある場合もありえます。賃金で言えば、技能に合わせて増額が可能であったり（労働者が高い技能を有する場合は、時間あたりの収量等が高く、生産者も賃金を調整できる余地がある）、労働時間ではフレックスタイム制が採用できる場合があったりなど、雇用条件にも幅があることがわかります。

通勤手段の確保、言葉の壁など、生産者が求める要件を明確にし、労働者と話しあい、マッチングしていくことが、労働力不足問題の解消には重要です。

栽培に必要な農業資材の強化

日本においては、これまで地域ごとの気候や土壌の違いに最適化した結果、肥料銘柄が多い状況でした。

農林水産省の調べによると、例えば肥料の銘柄数を見ると、韓国の五七〇〇銘柄に対し、日本では二万銘柄と、三〜四倍の差があり、多品種であることがわかります。

この多品種生産が、製造コスト、包装資材コスト、在庫管理コストの増加につながります。例えば、製造コストについては、肥料の工場における銘柄ごとの段替え（銘柄AからBに生産プロセスを切り替える際の、製造ラインの非稼働時間やそのために発生する労務費）を増やし、連続的な生産を難しくさせ、コストアップにつながっているのです。

一般に、企業で調達コストを削減する際には、デマンドマネジメント（必要な部分・製品を必要な量だけ用いること）と価格交渉という二つの手段が用いられます。

資材調達については、まずデマンドマネジメントを実施することで、コメ、葉物野菜、園芸などのカテゴリー別に必要な肥料・農薬・資材を特定し、全国的に銘柄を集約していく必要があります。実際、全農もその方向で動いています。「農業協同組合新聞」によると、全農は、化成肥料の銘柄を集約したうえで、事前予約を積み上げ、さらに入札によってメーカーを絞り込むことで価格の引き下げを目指していると説明されています。

「必要な量だけ用いる」という点については、肥料であれば土壌診断を行い、必要な成分を明確にした上で、肥料を必要性施与することが挙げられます。

また価格交渉という観点では、生産者側に必要な銘柄をしぼり込んでまとまったロットで、資材メーカーが効率よく製造できるようにした上で、互いに適正な（メーカー側が持続可能な利潤を得られる範囲で）価格を合意してくれるのが理想的と考えられます。

資材価格の見える化

ここまでくると、読者のなかには、アマゾンや価格ドットコムのように、各社の資材が横比較できて自由に閲覧できるサイトがあればよいのに、と考える方もいらっしゃるかと思います。実際、そのようなニーズもあって、農業資材の価格比較サービス「アグミル」が開発されました。

手順としては、まず生産者が購入したい資材の種類や価格、数量に関する希望条件と、資材を調達したい都道府県単位の地域をサイトに登録します。そうすると希望条件が該当地域の業者に自動で届き、生産者には各業者から見積もりが寄せられ、そのなかから条件に合う業者を選んで商談ができるのです。

このように、生産者がサイトを通じて複数の業者に見積もりを依頼し、価格面だけでなく、技術指導や保証といったサービス面も含めて資材を購入する仕組みになっています。

同様のオンラインプラットフォームは、農機（トラクター、コンバイン、田植え機等の農業機械）においても進んでいます。「アルーダ」という中古農機のオンラインプラットフォームが登場し、新規に農業を始めようとする生産者が、比較的求めやすい価格で製品にアクセスできるようになっています。特に新規に農業に取り組む生産者が、初めて中古の農機を購入する際によく活用されているようです。

こういった資材の選択や価格の透明性は、今後一層高まっていくと考えられます。

栽培方法のベストプラクティスを求めて

農業技術の伝承には、「農作物の栽培方法にベストプラクティス（篤農家の技術）は存在する」、この考え方がまず大前提としてあります。個々の生産者がそれぞれの土地で工夫しながら作業内容を最適化し、こうすれば収量が上がる、品質が上がるといったベストプラクティスを生み出しています。篤農家の技は地域ごとにいくつかの方法で伝承が続けられています。

これまでは、熟練の農家の下で何年間か修業する「丁稚奉公」や地域ごとに研修会を開いて技術を広める「講習会」などによって栽培方法は伝承されてきました（図表9－4）。「丁稚奉公」は栽培の実際を肌で覚えることができて、技能の伝承には優れている半面、個別対応が一般的であり、面的に幅広く進めていくのは難しい、という欠点があります。「講習会」は広く展開できるが、現場の実践ではない点が課題となります。

いずれにしろ、ベストプラクティスは多くの場合、明文化した形で残らないため、世代を越えての現場での徹底がしにくいというデメリットを抱えるものでした。

こうしたベストプラクティスを可視化して、レシピ（ここで言うレシピとは、素人と篤農家の作業内容の違いは何かを明らかにして共有化する手段です）として共有すること、

図表9-4 **農業技術を伝承する方法はこれまでにも存在。しかしながら、明文化した形で残らないであったり、現場の実践まで伝えられないといった課題がある**

	内容	特徴
丁稚奉公	篤農家 →指導→ 若手農家 ←丁稚← 若手農家(単独の場合も集団の場合もある)が篤農家(地域の農家や親の知り合いであることが多い)のもとで、指導を受ける	技術を実地で学べるだけでなく、篤農家との対話を通じて、産地を守る意味や精神の理解も深まる ただし、明文化した形で残らない場合が多く、技術の普及という観点では、必ずしも効率的ではない
講習会	講　師 →技術の説明→ 若手農家 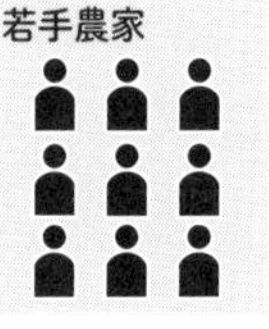 全国の各地域で、若手農家が集まり、講師が技術を説明(主に座学研修)	全国で、効率的に展開できる しかしながら、現場実践の機会が少ないため、理解の深さ等に課題はある

出所：農家インタビューをもとにマッキンゼー作成

その上で農業指導を行い、栽培管理のレベルを底上げしようという動きが始まってきています。

例えばある作物の栽培を考えた場合、苗を作るための苗床の管理や種の選別や施肥や灌水などのタイミングにもちょっとした違いがあることがわかります。

ベストプラクティスの明文化は難しいものです。なぜならば、アウトプットとインプットを正しく定義しなければならないからです。例えば、「土壌水分含量を最大値一五%、最小値五％の幅にコントロールしなさい」というベストプラクティスは一見、インプットのように見えますが、実は灌水によるアウトプットなのです。

収集した数値、データ（土の湿度の状態、温度の状態、CO_2の状態）は、あくまで作業管理の結果として得られたものにすぎません。

ベストプラクティスにおいて知りたいのは、結果的にどの温度になったかではなく、どのタイミングで水をやり、どのタイミングで肥料をどれくらいやり、その結果どのような数値、データになったかという一連の情報です。つまり、どのような状態を作ればよいかではなく、どういった作業をすれば篤農家の栽培結果を得られるかまで押さえる必要があります。

そのためには、達人農家の作業日誌が役に立ちます。水やり作業は何月には頻繁に、何月には抑え目に、また肥料は何月にどのくらいの量をやっている。こうしたアクションがおそらく篤農家の結果につながっているはずなので、それを分析します。さらに、それぞれの作業を行った時の温度や湿度も栽培に影響したはずなので、これも分析する、という二段階の解き明かし方を行うことによって、はじめて篤農家に近づけるのです。

実際に、農家が欲しいインプットとは、土壌にどれくらい水を与えて土壌表面がどの程度湿る状態をキープすることが必要かであって、その明文化は困難を極めます。そのため、これまで感覚や口頭による伝承が多かったと考えられます。

最近では、土壌の色の具合を写真やビデオに撮って判断基準を補足する方法も取り入れられています。

テクノロジーの導入に必須となるベストプラクティスの明文化

前項でも述べたように、単に温度や湿度等の栽培環境の数値データをビッグデータ分析にかけるのではなく、ベストプラクティスの本質と要点を正しく理解し、押さえどころを絞り込んだ上でテクノロジーを応用していくことが、これからの時代には必要になります。まず、ベストプラクティスを明らかにしたい作業内容をしぼり込みます（例：水やり、播種）。篤農家の作業をつぶさに記録します（場合によっては、写真やビデオを活用）。特に数値をとるべき作業内容（例：水やり前後の土壌水分量）は、時系列でモニタリング。作業とデータを一連のものとして取得します。

どれだけ高度な分析を行っても、おおもとのインプット情報が的を射ていない場合、分析結果も価値のないものになってしまいます。これを garbage in, garbage out（ガービッヂイン・ガービッヂアウト）と言います。

このような考えをもとに農作業の要点をデータ化し、それを蓄積してレシピ化することで農作業のナビゲーションを行い、同時に優れた営農法の伝承も行えるようにする会社が出てきています。作物をおいしく作るレシピを現場で何度も経験させ、それをＡＩに学習させて保存し、日本中で使えるようにすることを目指す日本の会社もあります。

ソフトバンクのe-kakashiというシステムは、数多くの作物に対応しています。農地に設置したセンサーから水分量・温度等を自動送信、手元のダッシュボードで一律管理し、管内の熟練農家の技・ノウハウを簡単にレシピ化し、レシピの閲覧・利用を管内で共有できるものです。産地といっしょになって、数年前から生産性を上げる取り組みをされており、既に実績も出てきている他、新規就農者の営農指導にも活用されています。

ルートレック社のゼロアグリは、主に施設園芸作物を対象としています。同社のシステムは、養液土耕による灌水・施肥作業の自動化（日射量、土壌水分量、土壌ＥＣ（電気伝達度）等のデータをインプットとしてセンサーから取得、作物ごとに最適化されたアルゴリズムにより適切な水分量・施肥量を計算、それに応じた灌水・施肥を自動で制御）、生産性の優れた生産者の栽培環境と比較を行い、アルゴリズムを調整し、生産性の優れた生産者の技の継承に活用可能にするといった機能を持っています。

セラク社のみどりクラウドは、圃場環境データの自動計測・モニタリング（温湿度、土壌水分、日射量、ＣＯ^2、土壌ＥＣの各種環境情報をセンサーが二分おきに自動計測。圃場環境の異常時には警報の発生が可能、リアルタイムでクラウドにデータ送信し、タブレットなどでモニタリング可能）ができ、クラウド機能によりデータの蓄積と承認した生産者同士での共有が可能です。さらには、作業日誌機能（みどりノート）を利用した農作業履歴の記録により環境データと連動した管理もできるようになっています。

栽培におけるテクノロジーと生産者の共存

さまざまな形でテクノロジーが進出してくると、農業から人が要らなくなるのではないか、という疑問を持たれる読者もいるかと思います。

最近の考え方では、①テクノロジーにより生産者が意思決定をサポートしてもらう、②テクノロジーを活用し、生産者がより高付加価値な業務に集中できるようにする、あるいは人が農作業をできない時間帯にテクノロジーを活用する、といった共存の考え方が一般的です。

①の例としては、例えば、トラクター会社のJohn Deereは、いつどこから農作物の刈り取りを行うのがよいかなど、意思決定に不可欠な機器や農耕データへのアクセスを可能にするシステムを提供しています。種まきの時期、肥料散布の時期と量、刈り取りの時期と順番など、栽培に関わる最適オペレーションについても膨大なデータをもとにして、機械が、生産者の判断をサポートするようになっています。

②の例としては、例えば、農家の時間の半分は見回りに取られているのが現状ですが、この「見回り」をはじめ、一部の農作業は、栽培環境の自動化やドローンによる見回り時間の短縮など、テクノロジーが置き換えていくものと考えます。第2章で紹介した

ＯＰＴｉＭ社の例では、夜間にドローンを飛ばし殺虫を行うことで、生産者が圃場で働けない夜の時間も活用するという、人とテクノロジーのコラボレーションのあり方を示しています。

物流網の整備と新しいビジネス

農林水産省「食品流通合理化検討会」のまとめによると、日本のトラックによる輸送を中心とした農産物や食品の物流は、出荷量が直前まで決まらない、手待ち時間が長い、手荷役作業が多い等の事情で敬遠される事例が出てきているとのことです。トラック運転手の人手不足が深刻化するなか、物流の合理化が検討されています。

こうした物流の合理化が進めば、例えば、朝に東北で水揚げされた魚が夕方には東京のレストランに届くというような、高品質を維持した同日内配送で農作物に付加価値をつけることができます（図表９－５）。

八面六臂という会社は、東京・埼玉・神奈川・千葉の飲食店向けのｅコマース事業を展開しています。

同社は、中央卸売市場経由の仕入れだけでなく、全国の産地市場や生産者からの水産物や青果、精肉などの生鮮食品の独自仕入れを構築。この両者の仕入れを組み合わせたサプライチェーンによって多彩な商品ラインナップと物流を実現しています。こういった動き

図表9-5 最適化された物流では、高品質を維持しつつ、同日内配達を実現。農作物の付加価値向上につながる

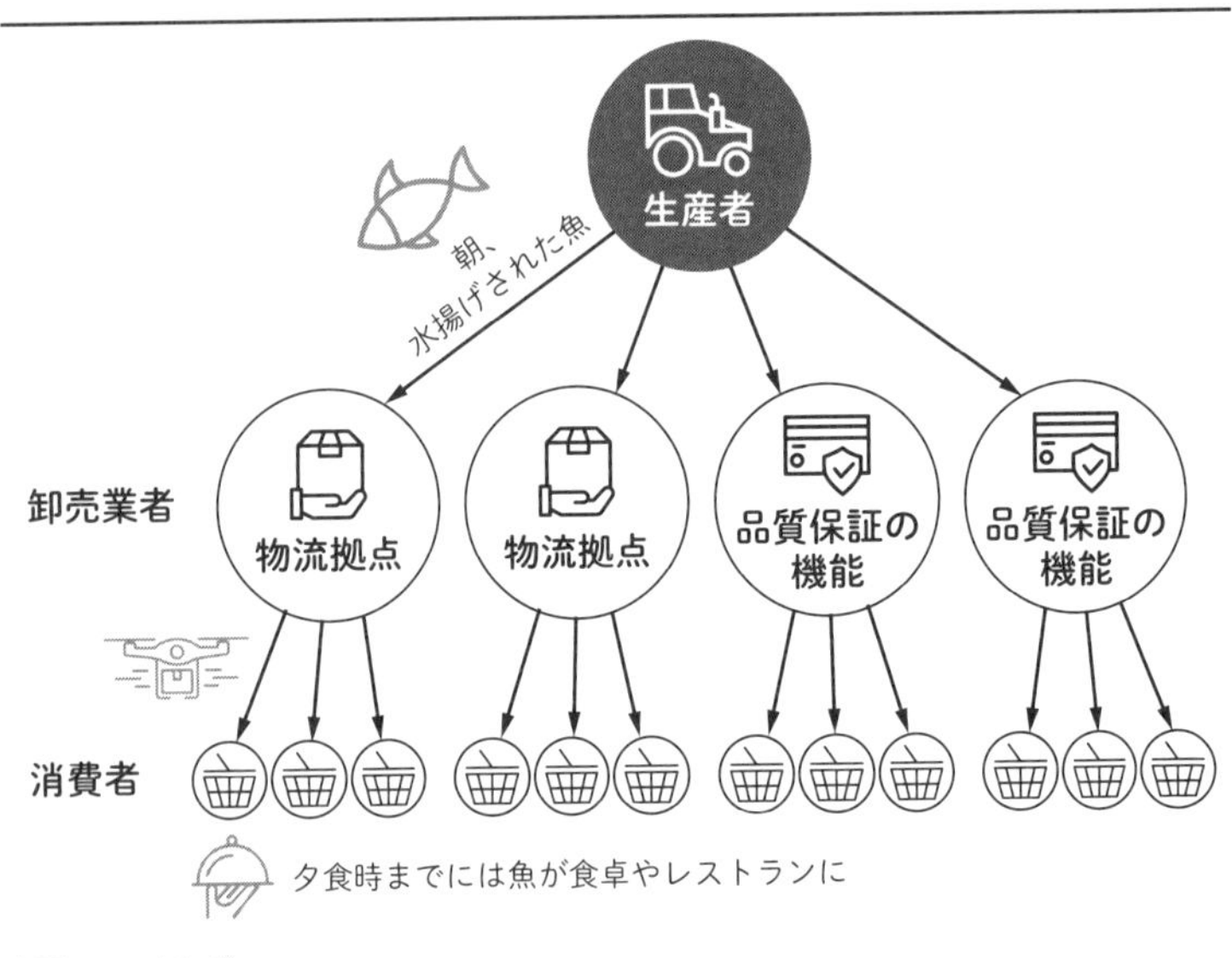

出所：マッキンゼー

は、今後ますます需要が増えてくると思われます。

生産者と消費者をつなぐ双方向情報システムの必要性

ダイコンの価格と産地ごとの出荷量の変動を考えてみましょう。ダイコンそのものは産地で予冷庫（作物用の大きな冷蔵庫）を活用することで、数カ月程度は出荷調整が利きますが、価格は年間で三倍近く変動するので、出荷時期によって農家の収入に大きな差が生じます。同じ品質のダイコンなのに、高値の時期に出荷した生産者は、低い時期に出荷した生産者の三倍も得することになるわけです。

こうした現象は、市場における出荷物の需給バランス（供給が需要より多い場合、もしくは需要が供給より多い場合）で発生します。そうであるならば、産地と小売り、レストラン等をあらかじめ生産・消費情報でつないでいれば、このような相場の大きな変動は軽減できると考えられます。

また、一部の産地ではすでに始まっていますが、消費者側のニーズを産地に伝えることができれば、生産者の栽培方法やタイミングなどへも好影響を及ぼし、より良い農作物栽培につながると考えられます。

例えば、プラネット・テーブル社は、生産地と消費地をつなぐ農産物流プラットフォーム「ＳＥＮＤ」を提供し、生産・流通におけるロスの軽減に寄与しています。ブレイン社では、サービス「ツナグ project1×２×３」を通じて、農家と買い手の直取引を促進し、生産性の向上に寄与しています。

国家戦略としての農作物貿易

前項で、生産と販売をつなぐ、国内販売の方向性を述べました。しかし、国内販売を見ているだけでは、早晩、マーケットは飽和状態になります。どんなに収量や品質を上げる努力をしても、限定されたサイズのパイ（端的に言って日本国民の胃袋）を、各産地が取り合っているだけの話になるからです。

そのため、日本の農業は今後、今まで以上に海外への輸出戦略を考えていく必要があるということです。

輸出戦略に成功している国を見ると、重要な要素として次の三つが挙げられます。

①国家単位でのブランド確立
②各市場の深い理解と、販売戦略の策定
③本国および現地での一貫したマーケティング

成功例として、ノルウェーのサーモンを見てみましょう。農林水産省の「主要輸出国の輸出促進体制調査報告書」のなかによくまとめられています。

同報告書によると、ノルウェーでは、ノルウェー・ワン・ブランドを漁業省が確立し、政府機関内にノルウェー水産物審議会（ＮＳＣ）とイノベーション・ノルウェー（ＩＮ）

という部署を創設して、国家単位でサーモンの生産から販売までを一括管理しています。一定の水準をクリアした商品にのみ、品質保証ロゴを付与する、または養殖権をライセンス化するなどして品質を担保しています。

もともとノルウェーでは水産物が国の重要輸出品目であり、年間三〇〇万トンの漁獲量の九〇%を輸出に回していました。それが、FTA（自由貿易協定）やチリ、スコットランドなどの追い上げにより輸出に占めるシェアが低下したため、国を挙げて輸出促進に動かざるを得なかったのです。

NSCでは、①魚種別にブランドマネジャーを配置しグローバル戦略を策定、そして②海外事務所、マーケティング諮問委員会と密に連携を取り、戦略精度を向上させています。市場の深い理解という観点では、世界一一カ国の大使館に海外事務所を設置して、本部より一名を派遣。市場動向をタイムリーに把握するなど、現地機関と密接な連携を取りつつ、精緻な戦略を策定しています。その上で、本部と現地での一貫したマーケティング戦略を展開して、水産物輸出に成功しているのです。

次に、ニュージーランドのZespriを見てみましょう。キウイフルーツ生産者によるマーケティング専門団体Zespriは、ニュージーランド産のキウイ・ワン・ブランドを確立。世界の五三カ国に対してキウイの販売促進と輸出を行い、輸出用キウイフルーツの基準も定めています。日本でのマーケティングおよびプロモーションの成功は有名で、日本市場から他国産のキウイフルーツをほとんど締め出しています。

Zespri は、売上の六%を投入して顧客動向調査にもとづいた多種多様なマーケティングを展開（果物業界がマーケティングに費やすコストのグローバル平均は〇・七%）、栄養価の高さなどを訴求し、ブランド認知力を向上させてきました。ブランディングと製品プロモーションにおいて非常に成功した生産者団体と言えます。

さらに、ニュージーランドでは、国家政策として農作物の輸出を考える部署を省庁に作り、情報収集からマーケティング戦略までを常に練っています。

現在は、高い品質と信頼性がある日本の農作物ですが、今後、他の国が品質やマーケティングおよびプロモーション勝負に打って出た際に、何も手を打たずにいれば、やがては他国に取って代わられる可能性もあります。現在の高品質のイメージを維持し、さらに発展させる形でマーケティング戦略や輸出戦略を整理していくことで、海外輸出を視野に入れた、日本の農作物のさらなる販売拡大の将来が見えてくると考えます。

玉石混淆のアグテック

現在の農業バリューチェーンにおいて、各ステップでアグテックの応用が期待されていますが、そのアグテックも現在は玉石混淆の状態にあります。生産性を高めた実績のある

図表9-6 **現時点でアグテックは玉石混淆。生産者にはROI（投資対効果）が分からない。アグテックを普及させ、日本農業を強化するためには、ROIの高いアグテックの選定と管理が必要**

アグテックの選定と管理プロセス

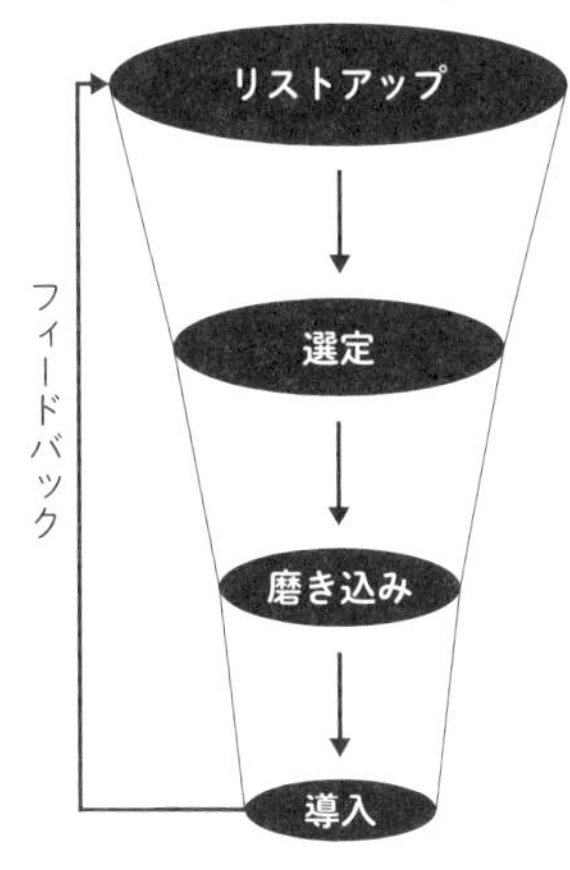

アグテックをとりまくエコシステムの主体（アクセラレータ、インベスター）が国内外のアグテックを網羅的に調査。アグテック企業に情報提供を依頼

農業現場におけるニーズ、経済合理性（アグテックを導入するために必要な投資と、リターン（農業生産性向上））の比較、篤農家による評価も受け、有望な技術を選定

県農業試験場や生産者、アグリインサイトエキスパートの協力を受け、実際の圃場におけるアグテックの使用方法等の改善・進化を行う（例：バッテリーの改良、使いやすい形状・重量）

実際の農業現場における生産者への導入。使い方を生産者にお伝えする
現場における収量等の情報はアグテック企業やアクセラレータ、インベスターが収集し、アグテックのリスト更新や改善に活用（開発等へのフィードバック）

出所：マッキンゼー

ものもあれば、テクノロジー会社が単に自社技術を使って参入しているものもあります。場合によっては、ROI（投資対効果）が不明瞭なテクノロジーもあります。

そのため、図表9−6に挙げたようなステップで、第8章で述べたエコシステムの主体（アクセラレータやインベスター）が日本農業に合致したアグテックのリストを評価し、有効なものに集中して資本注入する必要があります。

したがって、国内外のアグテック情報を可能な限り収集し、現場のニーズ、経済合理性、および発展の可能性を目利きすることが重要です。

その後、県の農業試験場などで実用化に向けた技術開発を行い、篤農家の圃場などで実際に使えるかの実証実験をした後、順次、全国の生産者に展開する、というような流れを作る必要があります。

また、第8章でも述べましたが、アグテック企業を有効に機能させる環境整備としてエコシステムの形成も重要です。具体的には、アクセラレータ、インベスター、アグリインサイトエキスパートと手を組み、組織としてビジネスを行う必要があるのです。

詳しくは、第8章で確認していただきたいのですが、アクセラレータは、アグテックのスタートアップ企業に、資金調達や経営を学ぶためのプログラムを提供する役目を持ちます。インベスターは、農業・食品分野に投資や資金援助を行う役です。そして、アグテックのスタートアップ企業に実地試験圃場などを提供し、農業ビジネスの実現可能性に関するアドバイスを行うのが、アグリインサイトエキスパートです。

この三者がアグテック企業と協働し、日本農業に対し、確実に役に立つテクノロジーを整理し（玉石混淆から玉を選び出し）、集中的に強化して生産者に届けなければなりません。

第10章

日本農業のポテンシャルを最大に発揮するために

図表10-1「俯瞰的な視野」から見た農業バリューチェーン

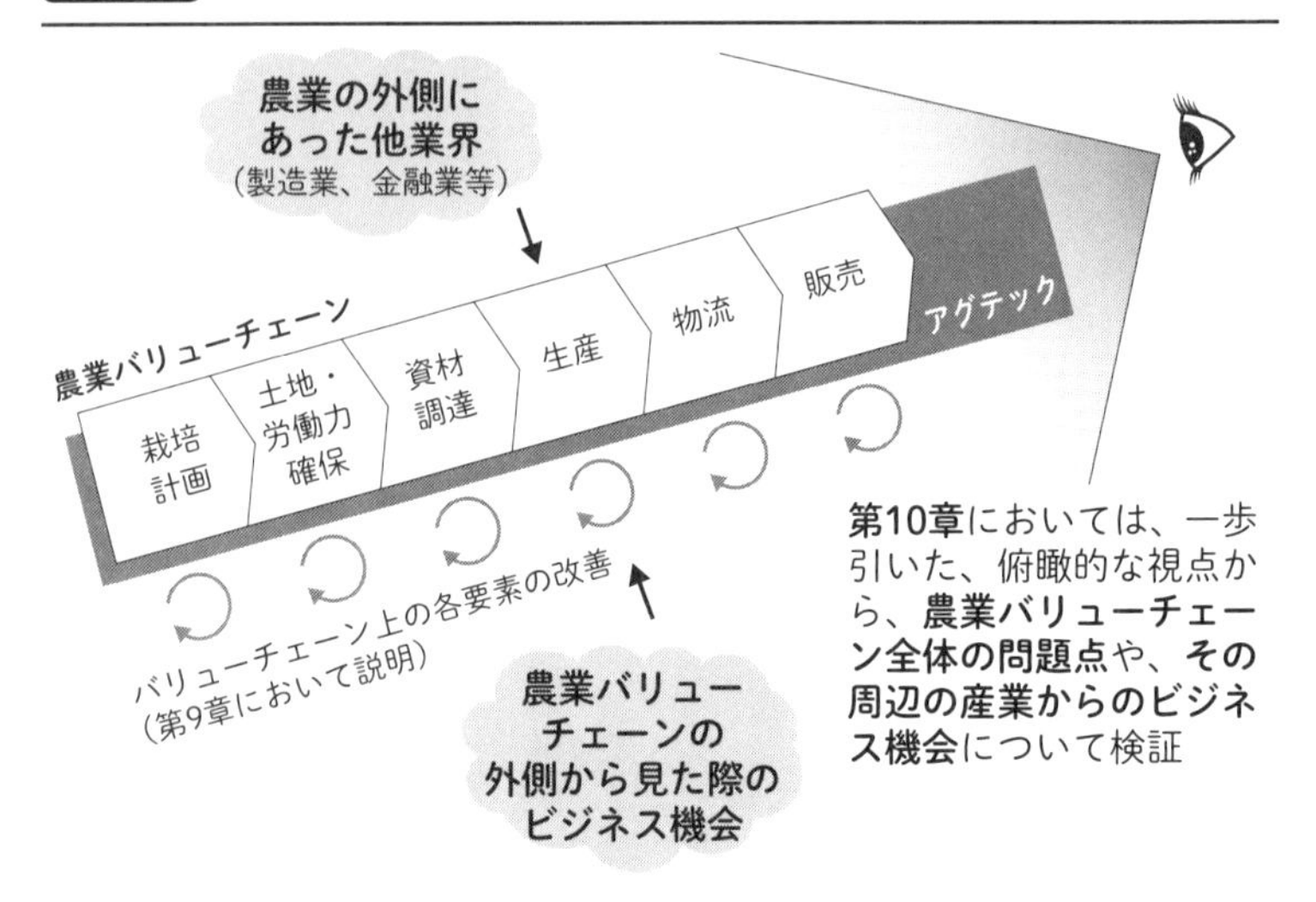

出所：マッキンゼー

第9章では、農業バリューチェーンの、栽培計画から土地・労働力の確保、資材の調達、栽培、そして物流・販売に至る各ステップにおける現状や今後の機会について見てきました。

本章では、その農業バリューチェーンを、少し離れた視線で、俯瞰的に見た際に見えてくるバリューチェーン内の障壁や、農業バリューチェーンの外側にいるプレイヤーに目を向けます（図表10－1）。まず、なぜそうした視野が必要なのかについて述べたいと思います。

多様化する消費者ニーズに対応するために

第6章でも述べたように、消費者のニーズは多様化してきています。いくつか例を挙げると、「腹を満たすため」ではなく一つの「体験（エクスペリエンス）」として食を楽しむというニーズ、これは何も若者だけの話ではなく、アクティブシニアと呼ばれる層においても見られる傾向です。自宅にシェフを招いて調理を見るのを楽しむというサービスの登場にも、この「体験」としての食のトレンドが見て取れます。

別の例で言うと、減塩、高タンパク質、オーガニック食材など、健康志向に寄った食事を心がけている若者の増加があります。多少の手間をかけても健康に良いものを食べたいという層や、調理時間を短縮したいが、温めるだけではなくきちんと調理された料理を食べたいという若者層も存在します。

さらには、海外の日本産作物の消費者は、和牛や海産物以外にも、日本的なイメージ、日本が感じられるものを体感することを求め、日本特有のフレーバー、つまり、抹茶やゆずが世界中で求められています。

要するに消費者は、目の前の農作物をどう味わうかではなく、食物から何か「得たい体験や目的（健康志向など）」があり、その体験や目的を満たすために食と農があるということです。この価値観は、消費者が農業のバリューチェーン全体から提供されることを求めていることになります。

この消費者の嗜好は、バリューチェーン上の各プレイヤー（生産者、ニーズに合わせ、食材を選ぶ「目利き」、加工業者など）が、単にそれぞれのステップで個別にベストを尽くして生産しているだけでは達成できず、目的を共有し、その目的に向かって各プレイヤーが連動して動かなければならないのです。

農業バリューチェーンの壁を取り払う

現在の農業バリューチェーンを見ると、最初に生産者がいて、次に農作物を目利きする仲卸業者、次のステップが加工業者、そして物流、メディアを経て、消費者へと行き着きます（図表10－2上段）。

各ステップのプレイヤーは、それぞれが違う業種・業界の企業ということもあり、ステップごとに壁で分断され、壁のなかで個々に活動しています。しかし、多様化する消費者ニーズへの対応は、個々のプレイヤーが各ステップの壁の中だけで動く状況では達成が困難です。バリューチェーン上のプレイヤーたちが壁を取り払って有機的に協働することが、必須の条件となります（図表10－2下段）。

日本農業のポテンシャルを最大に発揮するためには、まずバリューチェーンの各プレイヤー間に存在する壁を取り払い、各プレイヤーを有機的につなげる「コネクト」された食

図表10-2 日本農業の潜在力を最大に発揮するためには、バリューチェーンをつないで、オーケストレート（指揮）する

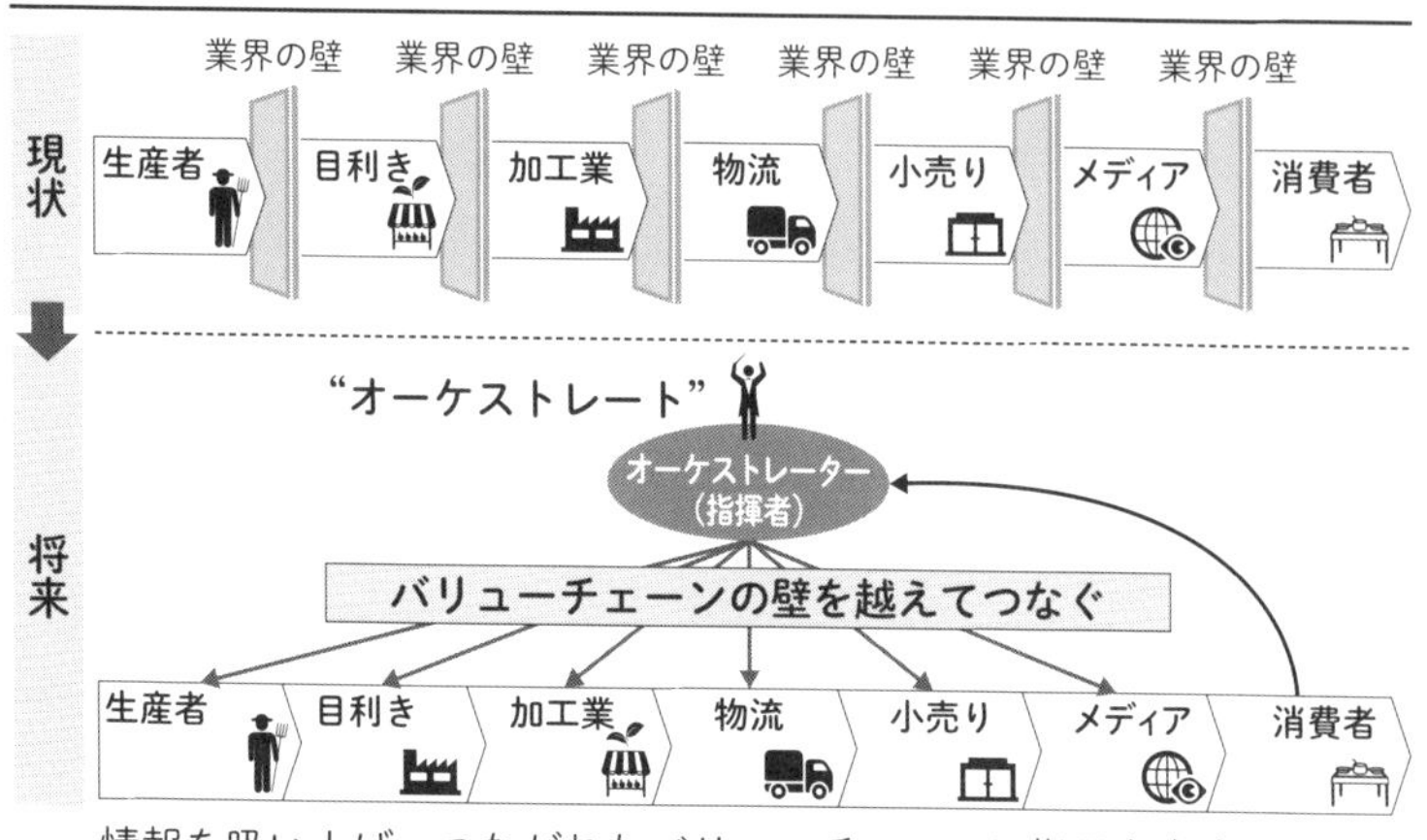

情報を吸い上げ、つながれたバリューチェーンに指示を出すオーケストレーターの構築

Ⓐ国内外のトレンドを見付けて、バリューチェーン上のプレイヤーに連携・指示して売る
Ⓑメディアを活用し、消費を刺激する　等

出所：マッキンゼー

料供給システムを構築する必要があります。

さらに、つなげるだけでは不十分で、つないだバリューチェーンの各プレイヤーに指示（今、こういう消費者ニーズがあるので、それをバリューチェーン上の誰々が準備せよ、といった指示）を与える「オーケストレーター」（指揮者）を置いて、全体の流れを統率する役割が不可欠となってきます。

オーケストレーターは、国内の消費動向や海外でのトレンドなどの情報を吸い

上げ、バリューチェーンのしかるべきステップに臨機応変に指示を出し、農業バリューチェーンの効率化を図って利益につなげます。またそればかりでなく、メディアを活用して消費行動をも刺激する役割を担います。

こうしたコネクト&オーケストレートという食料供給システムの構築が、「変曲点を迎えている今だからこそ、一足飛びに大変革する」理想の姿、と我々は考えています。

もちろん、どのようなニーズに応えるか、その実現のためにどのように壁を壊し、どのように連携してバリューチェーンを最適化するのか、オーケストレーターはどのプレイヤーが担うのかなど、さまざまな疑問が残っています。本章では、こういった疑問について、いくつか例を挙げつつ、検討していきます。

コラム

オーケストレートは日本の得意領域（商社の役割）

ここまで、食と農のバリューチェーンの内側の業界ごとの垣根を取り払い、川上から川下までを調整する（コネクト&オーケストレート）の考え方を紹介してきました。

日本には、商社という業態が存在します。英語では、Trading company と訳されますが、実際には、貿易会社という以上に、バリューチェーン上のプレイヤーの調整を行っています。

ここでは、商社がこれまでに日本の食と農において果たしてきた役割を確認したいと思います。

バナナを日本国内に供給するバリューチェーン

一九六三年のバナナ輸入自由化をきっかけに、ドール（当時はキャッスル&クック社）はフィリピンから日本への輸出をするため農場開発を計画しました。輸入業者として提携をもちかけられた伊藤忠商事は、全量買い取りの契約を一九六六年に締結し、翌年には現地での生産を担う合弁スタンフィルコ社を設立しました。

伊藤忠は国内での卸売のために青果卸を組織して「伊藤忠青果協議会」を設立、一九六八年からバナナの輸入を開始しました。ちょうど全国にスーパーマーケットが拡大していくタイミングで、フィリピンバナナもその流れに乗って広がっていきました。このあたりは、商社がオーケストレータの役割を果たした場面と言えると思います。

一九八二年に伊藤忠青果協議会は解散し、伊藤忠は日本での販売権を返上しましたが、輸入自体は伊藤忠が継続。一九九八年にはドールと伊藤忠、青果物卸の協和薬品でスーパー専用の一括物流・加工センターを運営する「ケーアイフレッシュアクセス」が設立されました（現在は住友商事と伊藤忠の50%-50%合弁）。

住友商事も、一九六〇年代にバナナの輸入を開始し、一九七〇年にはフィリピンのミンダナオで現地企業に出資してプランテーションでのバナナ栽培を開始。以降、耐病性を強めた品種の開発をしたり、残留農薬検査を実施したりして高品質のバナナの生産を進めました。単純に貿易だけを行うのではないオーケストレータの付加価値と考えられます。同社は、フィリピンの集荷場から日本の港まで適温輸送をすることで鮮度をキープし、完全子会社のスーパー「サミット」などを通してブランドバナナを販売しました。

その他にも三井物産は、糖源の確保から加工・生産を行い、東南アジアから日本までのバリューチェーンをオーケストレートしています（カセットポンシュガー社での製糖事業）。北米を代表する穀物集荷・輸出企業 United Grain 社も傘下に持ち、海外から日本への食料バリューチェーンをつなぎ、消費者に届けています。

農作物の付加価値の最大化——Ｏｉｓｉｘの取り組み

Ｏｉｓｉｘは独自の安全基準をクリアした安心でおいしい野菜のネット通販から始まり、現在では肉や魚、加工食品などにも品目を広げています。二〇一七年には有機野菜大手の「大地を守る会」と経営統合、二〇一八年にはＮＴＴドコモ傘下になっていた「らでぃっしゅぼーや」も買収、吸収合併しています。

契約農家は現在約四〇〇〇。これらの契約農家は、注文を受けてから野菜を収穫し発送するので、より新鮮な商品が消費者に届く仕組みとなっています。消費者の声を徹底的に聞くことにより品ぞろえを充実させ、ミールキット（Kit Oisix）も開発。最近では一部のスーパーでも販売しています。

Ｏｉｓｉｘのネット販売の特徴は、定期購入会員に対して、それぞれにカスタマイズされた品揃えの定期ボックスを準備するところです。毎週、提示されたなかからこれはいらない、これを追加したい、と修正しながら買い物を続けていくと、半年ほどで自分の好みにぴったりの品ぞろえで提案がされるようになります。

いずれも、消費者の体験価値を最大化するためのオーケストレータの役割が発揮されている事例と言えると思います。

サブスクリプションという食体験へのサービス

コネクト&オーケストレートという食料供給システムで可能になることの一つ目は、サブスクリプション型の「食体験提供」サービスです。これは、アパレル業界ではすでに実現されているサービスです。サブスクリプション・オンデマンドというかたちで月々定額を払えば、消費者の好みに合った服を届けてくれます。わざわざ店に行かなくても、好みに合う、新しい服が手に入るというサービスで、消費者のニーズに応えるものと注目されています。こういったサービスが、農業でも実現できるのではないでしょうか。

図表10－3の右側の「消費者」に書いてあるような欲求があったとします。つまり、毎月定額を払う代わりに日本全国津々浦々の食材、郷土料理を自宅で楽しむ体験をしたいというアクティブシニアや、ダイエットに取り組んでいるのでおいしくて痩せられるものを提供してほしいという若者がいたとします。

農業バリューチェーン全体に目配りするオーケストレーターは、その要求をかなえるためにはどのプレイヤーをどのように動かすことが有効かを判断し、調整してそれを生産者や目利きに伝えます。

ここで大きな役割を果たすのが、従来の農業バリューチェーンではその存在が強調されてこなかった目利きの役割です。目利き役としては、市場にいる仲卸業者などが挙げられます。

目利きの仕事は、産地や加工業を含めて、消費者が期待する体験に対して農作物の品質などを担保することです。メディアにおいても最近、食通（コノソワ）やキュレーターが取り上げられますが、彼らがこの役割を（部分的にでも）今後果たしていくのかもしれません。

このサービスは、消費者のみならず生産者にもメリットがあります。生産者は販売チャネルに関して、国内外を通して高値での売り先を見つけたいという希望を当然持っています。しかし、消費者が何を求めているのか、どこにニーズがあるのかを把握するのが難し

図表10-3 サブスクリプション型の「食体験提供」サービスにより実現する世界

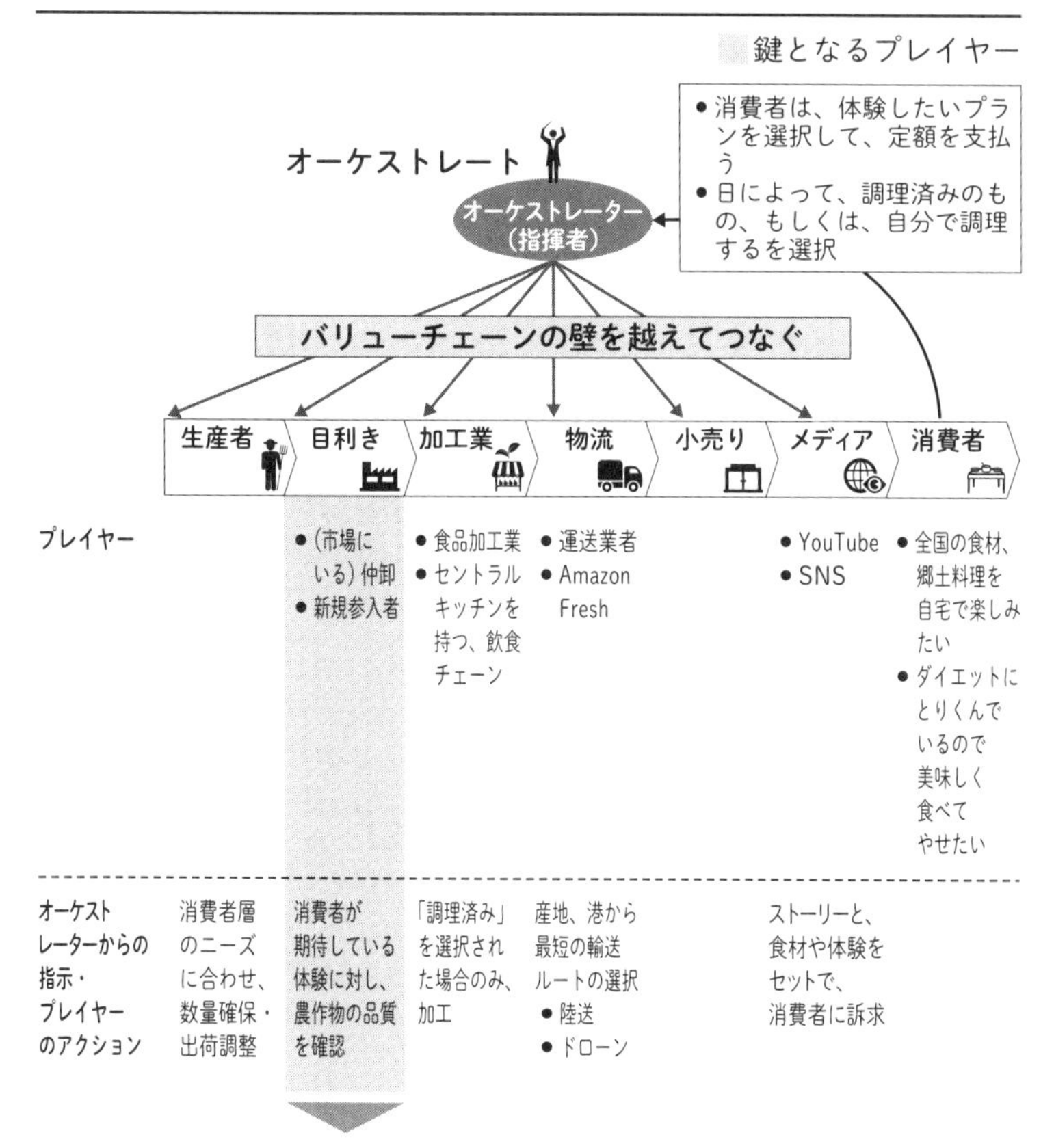

機会

●「目利き」の機能を担っている機関・ビジネスは少ない
● オンデマンドの消費形態が進むにしたがい、食通（コノソワ：品質の保障もできるグルメ人）はビジネスチャンスになり得る

出所：マッキンゼー

いと考える生産者が少なくありません。特に、ハイエンドの消費者層や海外の消費者層に接点を持つことは、なかなか難しいと言えます。

こうした農家の悩みに応えるべく、オーケストレーターがニーズのある消費者の情報を生産者に伝え、物流までコーディネートできれば、生産者にとっても待望の販路開拓になるはずです。

メディアと連携して需要を生み出す

農業はそもそも、プロダクトアウトの産業だと言われていました。農家は立派なキャベツを作る、立派なダイコンを作る。そして、できたものを市場に出す。あとは、市場が買い手を探してくれる。つまり、生産者からは、消費者の顔が見えづらかったのです。

しかし、最近はマーケットインの考え方が浸透し始め、産地側も消費者側のニーズを汲み上げ、そのニーズに合わせた作物を作ろうという方向に変わってきました。仲卸と定期的に会議を行ったり、小売店の店舗見学を行ったり、あるいは販売棚のPOPの指導を行ったり、という産地まで登場するようになりました。

さらには、その次の波として、消費者のニーズを汲み取るのではなく、消費者のニーズを生み出すように「仕掛ける」という農業が、新しいコネクト&オーケストレートという食料供給システムを使って、今後生まれるのではないかと考えます（図表10－4）。

図表10-4 Buzz（バズ）により、「消費を仕掛け」農作物を販売する世界

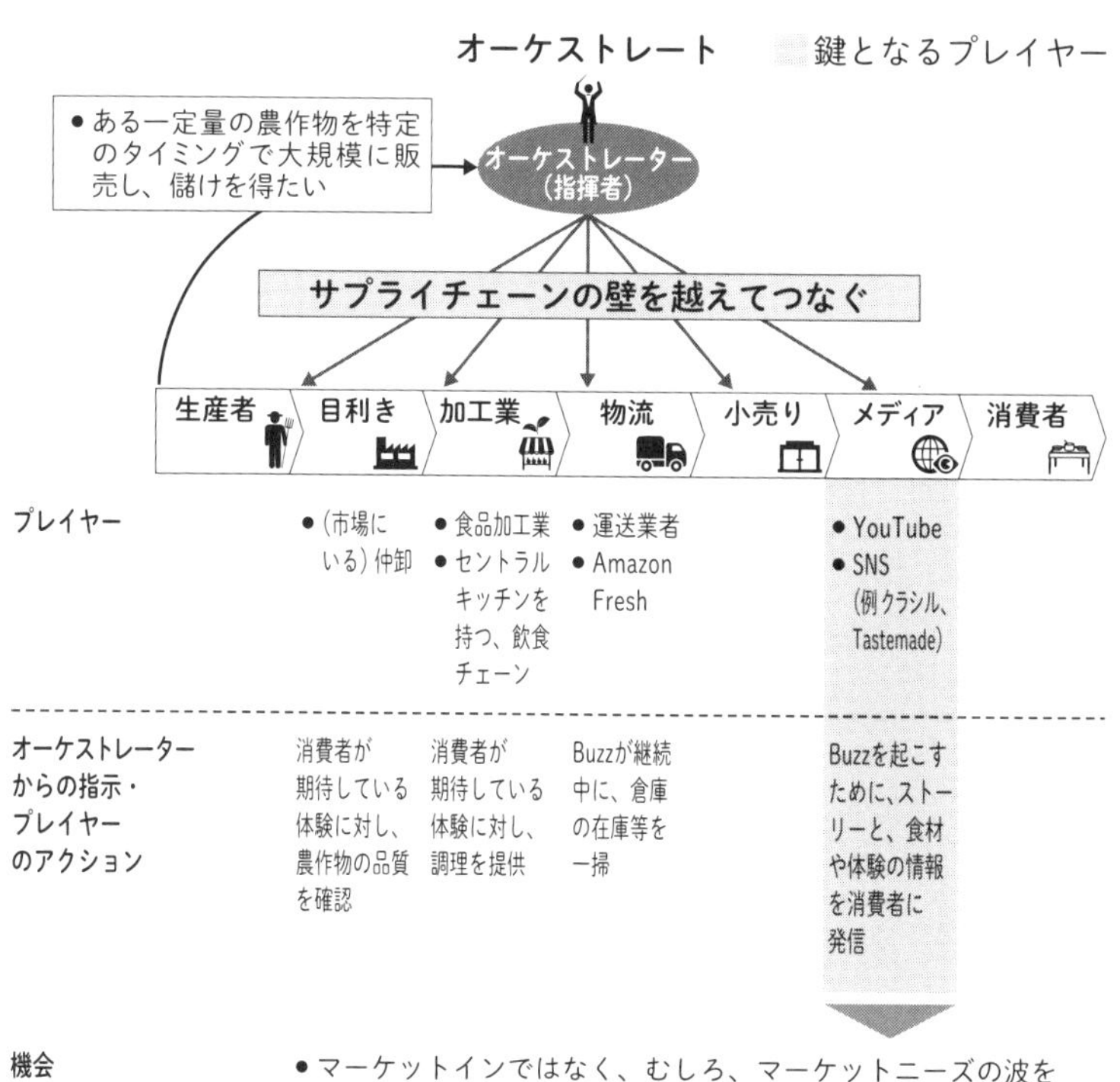

機会

- マーケットインではなく、むしろ、マーケットニーズの波を積極的に作る、仕掛ける機能
- バリューチェーン上の多くのプレイヤーが、メディアと連動。タイミングをあわせ、農作物を売り切る

出所：マッキンゼー

少し極端な例ですが、ある生産者が特定の農作物や食材を一時期に大量に売りたいという事情ができた場合、あるいは売れ残ってフードロスにつながる可能性があるので在庫を売り切りたいといった場合、これまでは売価を下げて売りさばくしか方法がなかったかもしれません。

しかし、コネクトされた食料供給システムにおいては、この生産者の悩み・ニーズに対し、オーケストレーターが有機的に動き、バリューチェーンの各領域に指示を与えていきます。メディアや目利きが連携して食材のイメージやＢｕｚｚ（バズ）となるトピックを作り上げていく、消費者の需要が出てきた際に、その供給に困らないようにあらかじめ加工業、物流、小売りが販売のキャパシティを構えておく、これらをオーケストレーターが事前に指示・コーディネートします。その上で、Ｂｕｚｚの仕掛けを起こし、消費者需要が起き始める時期を予測してその時期に収穫・出荷し、売り切ることが可能となります。

これによって、生産者は、需要が高まった状態で高い価格で、時期を狙って作物を売ることが可能になると考えられます。

マーケットインで市場・消費者のトレンドに合わせて、生産者が作って売るのが現在だとすると、むしろメディアを使って消費を刺激し、売りにつなげる、生産者側から消費者に販売を仕掛けていくことが、今後コネクト＆オーケストレートにより、実現するのではないかと思われます。

実際、メディアやSNSを通じて、消費が作り出されている例も出てきています。生産者が売ろうとする農作物を、その食材を使った料理をレシピ付きでSNSなどのメディアに投稿することによって需要を生み出したというケースです。

「日経ビジネス電子版」(二〇一七年八月二四日)によると、料理専門の動画チャネルのクラシルでは、特定の食材を使って料理を作る動画を月間で一〇〇〇本以上配信しているということです。タクシー乗車時などに座席前のモニターで観たという人もいるのではないでしょうか。

クラシルで豆苗の料理画像を提供したときには、豆苗の売上が前年同月比で六〇%伸びたという報告もあります(村上農園調べ)。

同様の例として、テイストメイドという会社は、一分程度のレシピビデオを複数のプラットフォームで展開し、顧客を引きつける食のトレンド情報を発信しています。テイストメイドのレシピビデオのユーチューブでの再生回数は、ここ数年で一〇〇万回を超えるほど飛躍的に伸びています。

以上は、メディアを起点にして需要を起こした例ですが、こうした積極的にソーシャルメディアを使って食体験をSNS上でシェアする傾向は、特に若者の間で強くなっていると言えます。この世代は、食を単に胃袋をうめるものとは考えず、体験を大事にします。「脱胃袋依存型」の食の需要に応えるためには、食材だけでなく食体験をネットメディアなどを使ってアピールし、いわゆるＢｕｚｚを作り出すという方法も有効な手段と考えます。

コネクトされたバリューチェーン上では、これまで明示的に考えられてこなかった「メディア」というプレイヤーを積極的に巻き込んだ、新しい食料供給システムが作り上げられます。オーケストレーターが起点となって、バリューチェーン上のプレイヤーを調整し、販売したい農作物が滞りなく、消費者に提供される、それにより、フードロスも解消される。こういった食と農のビジネスが生まれていくことが期待されます。

コラム

いくらでもある顧客体験——生産者のカスタマー・エクスペリエンス・ジャーニー

これまで主に消費者にとってのニーズ、価値観が多様化している現状を伝え、顧客体験の重要性ならびにそれに伴う、日本の農業のバリューチェーンの未来について述べてきました。

ここで視線を生産者側に向けると、ここにも「顧客体験」があることがわかります。図表10－5は、生産者が農機（トラクター等）の購入を検討し、実際に購入し、使ってみて故障をし、修理するまでの一連の流れ（ジャーニーと呼ぶ）を記載しています。

図表10-5 生産者のカスタマー・エクスペリエンス・ジャーニー

購買段階	特定・調査	検証・評価	購入・注文	使用・維持	修理・交換
現状	● 新機材の調査を目的にディーラーや知人に相談	● 信頼性の高いブランド店舗にて物色 ● ディーラーと接触し交渉	● 配達詳細の最終化 ● 要望規格やタイミングにつきディーラーと確認	● 農閑期にディーラー通じ通常メンテナンス実施 ● 農閑期の機械のアイドリング	● 自社にて簡易修理を実施 ● 困難な修理はディーラーと接触（モーター、油圧システム）
満足・不満足					
農機メーカーと生産者のタッチポイント	● オフライン：ディーラー、知人、印刷媒体、展示会 ● オンライン：OEM website、ネット検索、ソーシャルメディア	● オフライン：ディーラー、知人、印刷媒体、業界博覧会 ● オンライン：OEM website、ネット検索、ソーシャルメディア	● オフライン：ディーラー、営業担当者 ● オンライン：OEM website	● オフライン：ディーラー、同僚、知人 ● オンライン：ソーシャルメディア、討論会、ビデオ	● オフライン：ディーラー、倉庫販売業者 ● オンライン：一般的なオンラインプラットフォーム
重要な観点	● 知人、ディーラー、パンフレット、展示会より情報収集 ● 重要な価格や技術的情報の特定が困難	● ディーラーや知人を通じ、情報収集 ● 価格や技術的要件の比較が困難	● 自社が信頼するブランド店での購入 ● 品質、価格、技術的要件を勘案し、購入内容や場所を決定 ● 機材の初期購入時に今後の継続サービスを購入	● メンテナンスや操業コストが最大のペインポイント ● トレーニングパッケージ（例：オペレーターの操作手法）が最重要継続サービス ● 使いやすさが継続サービスを評価する上での鍵	● OEMより機材部品を購入の際、品質と利便性が鍵 ● 修理は主に認定済サービスセンター、ディーラーシップ、自社にて対応 ● 製品保証サービスオプションの評価において、品質と利便性が最重要

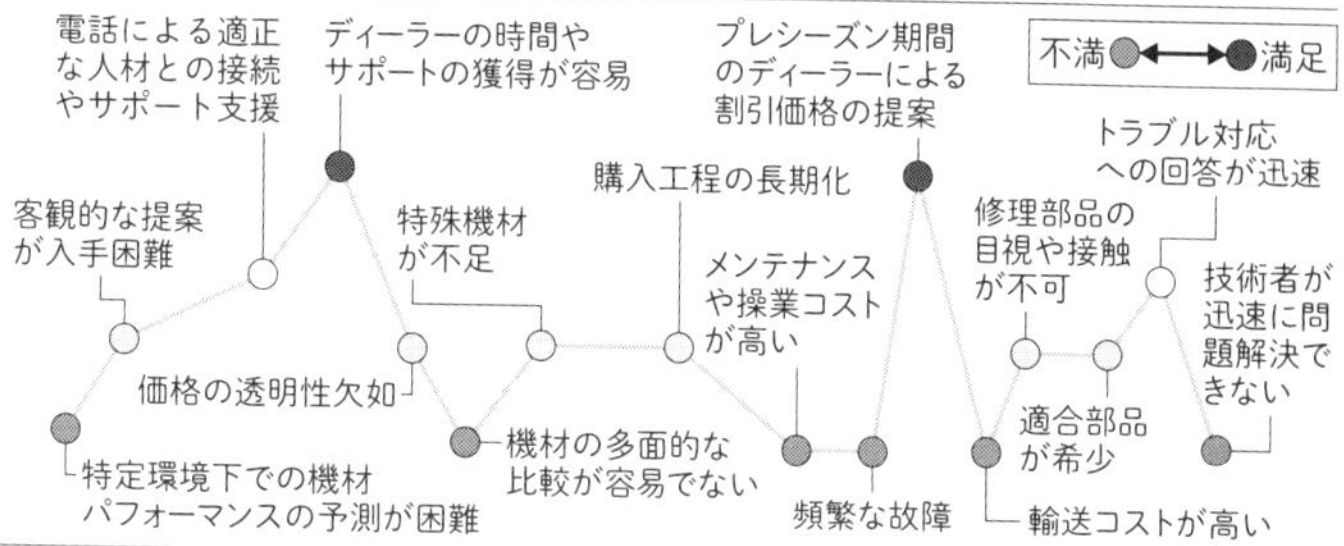

満足・不満足（凡例：不満 ←→ 満足）

- 特定環境下での機材パフォーマンスの予測が困難
- 客観的な提案が入手困難
- 電話による適正な人材との接続やサポート支援
- ディーラーの時間やサポートの獲得が容易
- 価格の透明性欠如
- 機材の多面的な比較が容易でない
- 特殊機材が不足
- 購入工程の長期化
- メンテナンスや操業コストが高い
- 頻繁な故障
- プレシーズン期間のディーラーによる割引価格の提案
- 輸送コストが高い
- 修理部品の目視や接触が不可
- 適合部品が希少
- トラブル対応への回答が迅速
- 技術者が迅速に問題解決できない

出所：2018 AEM McKinsey Agriculture & construction equipment customer decision journey survey, September 2018, US only (n=587), customer interviews

図表10-6 グローバルの農機の製造メーカーは、顧客（生産者）が気にしているポイントを把握し、製品やサービスを作り込む

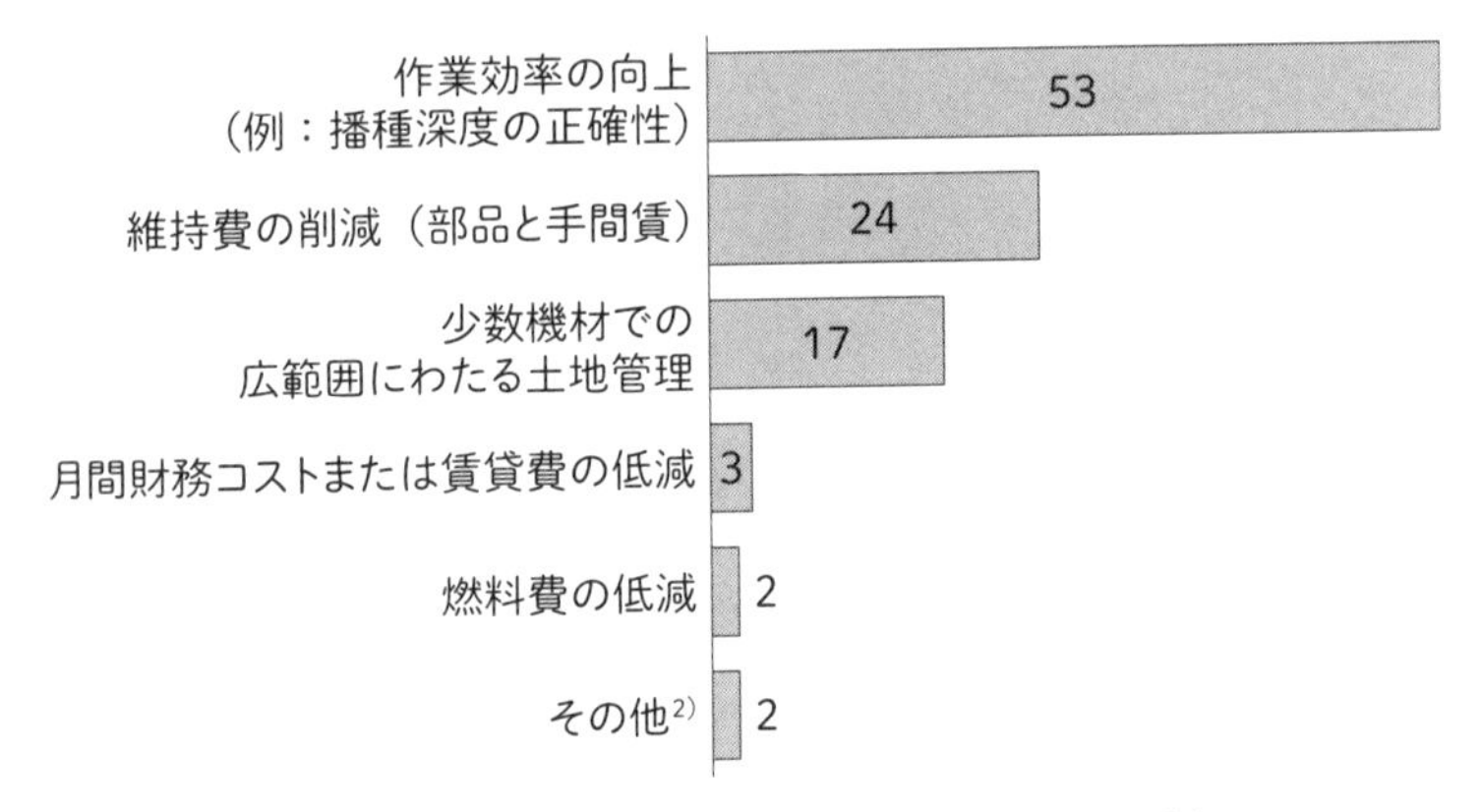

注：1）1,364名、内614名のコントラクターと750名の農家の調査結果にもとづく
2）その他の回答には耐用年数、耐久性、販売店支援、価格、生産能力、最小ダウンタイム、低排出、応対能力、利子率を含む

出所：2018 AEM McKinsey Agriculture & construction equipment customer decision journey survey, September 2018, US only (n=587), customer interviews

ここで重要なのは、図の中央の折れ線です。これは、生産者がどのような経験をしたか（顧客体験）の感情の起伏を示したものです。カスタマー・エクスペリエンス・ジャーニーとは、この使用者がどのように感じ取るか、特に不満と感じている部分に対し、追加での製品の改善やサービスを施していくという手法です。マッキンゼーのプロジェクトにおいても用いられる分析手法です。

この図では、「特定環境下での機材パフォーマンス

の予測が困難」や「機材の多面的な比較が容易でない」ことが、生産者目線での農機購買の難点となっていることがわかります。

図表10－6は農機に求める性能です。作業効率や維持・メンテナンスにかかる部分の注目度が高いのがわかります。実際のビジネス現場においては、より詳細な深度で生産者の「日頃、不便と思っている点」（ペインポイントと呼ぶ）を特定し、それに対する製品の改良やデジタル技術の導入や、サービスの強化等が行われています。こういった顧客のペインポイントの特定には、予算や特別な資金を投入している企業もあります（例えばシンジェンタ社、バイエル社、コルテバ社、ジョンディア社）。

顧客のペインポイントの特定は、次世代の技術やサービスを開発し、シェアを高めることにつながるため非常に重要と言えます。

例えば、シンジェンタ社においては、Partner Programという名前のプログラムで、プログラムを導入した生産者に、シンジェンタ社の特定の農薬等を無償で提供し、使用してもらいます。その見返りとして、生産者の生産情報や、生産者の声のフィードバック等はすべてシンジェンタ社のデータベースに登録されます。

こういった顧客のペインポイントを念頭に置いた製品開発やサービスおよび製品の価値訴求（セールスの現場）が、今後さらに、日本の農業（メーカー側）を強くするヒントになるかもしれません。

農業にビジネスチャンスを狙う新規プレイヤー

農業バリューチェーンをその周辺領域まで広げてビジネスと捉えた場合には、従来のバリューチェーン上のプレイヤー以外にも、例えば保険会社や銀行、テレコム企業など、あらゆる業界にビジネスチャンスが生まれる可能性があります。そのなかで、すでに成功している企業も多くあります。

例えば、リスク管理にソリューションを提供する保険会社です。従来は、農作物の量や価格の変動（ボラティリティ）が大きいため、リスク評価の難しい業界でした。現在では、バリューチェーン上の各プレイヤーのつながりが見え、環境データの取得とＡＩの導入によって多くの事象・変数を捉えられるようになったため、農業のリスク管理が保険ビジネスとして可能になりました。

先述の米国のクライメイト・コーポレーション社（Climate FieldViewの商標で販売）は、従来の連邦作物保険を補完するため、ビッグデータを用いた新しい形態の農業保険契約を設計し、提供しています。

天気、作物収量、土壌の種類に関する50テラバイト以上の過去の情報とリアルタイムのデータフローを管理し、悪天候による農作物の損失可能性に対して農家を補償する保険商品を提供しています。支払いは保険支払イベントの発生に応じて行います（干ばつ等）。

保険会社と同様に、デジタルテクノロジーを持つテレコム企業にも、自社で農業を始めるケースや生産者へのサービスを提供するケースなどでコラボレーションしています。

例えば、サファリコムという会社は、農家への助言、融資、種子や肥料の調達を提供するために、アフリカのケニアにディィジファーム（DigiFarm）を立ち上げました。

ディィジファームは、小規模農家を豊かにすることを目指しています。提供するサービスは、農業バリューチェーン全体をつなぎ（コネクトして）デジタル化することによって、農場をプロファイリングして、土壌データにもとづいて何を、いつ、どのように植えるべきかなどの情報提供を行い、また農家の需要にもとづいて種子や肥料などを調達・提供し、さらには必要によっては融資も行っています。設立以来、同社のプラットフォームには、ケニア全土の九つの郡から七〇万以上の農家が参加しています。

銀行も農業関連事業に参入してきています。

海外では、ラボバンク、リオインベストメント、ヨーロピアンインベストメントバンクといった銀行が、食品や農業分野におけるサステナビリティ（持続的発展）に尽力する企業への支援、森林保護や小規模農家保護に係る補助金などを通して農業に関わっています。日本においても農林中央金庫や地方銀行が、生産者と係わる取り組みをしています。

「日本経済新聞」によると、農林中央金庫は、農業法人を対象に経営数値の分析や取引先の紹介などを柱とするコンサルティングサービスを提供しているようです。こういった国内外の金融系プレイヤーは今後、農業のバリューチェーンをさらに経済的に安定で強固なものにするための、重要なプレイヤーになると考えられます。

コネクト&オーケストレートによる新しい農業バリューチェーンが構築されれば、生産者から消費者までの連動性が画期的に良くなります。そうなれば、天候等の変化によるバリューチェーンの上流・下流にリスクが生じても即座に対応することができ、従来の農業リスクの把握・改善に役立つことになります。

そうなれば、これまでボラティリティ（変動性）が高いと捉えられていた農業に、保険業・金融業といった異業種の参入も今後より一層進むと思われ、それによって農業は、資金面でも強固なビジネスとして展開していく可能性が高いと考えます。

以上、日本農業の将来を開くためには、多様化する消費者ニーズに応えること、消費を刺激しつつ、農作物を生産・販売すること、バリューチェーンをさらに経済的に安定させることが考えられ、この実現にコネクト&オーケストレートによる新しい農業バリューチェーンの構築が欠かせないということがおわかりいただけたと思います。

新農業バリューチェーンの構築に成功し、オーケストレーターがしかるべき役割（バリューチェーン上のプレイヤーの持ち味を活かした調整・コーディネーション）を果たし、機能すれば、農業とは縁遠かった他業種から参入してくる企業も増えるはずです。

そうなったときには、ありとあらゆる業種が日本農業の強化に役割を果たすことになります。まさに、我々、国民全員が、将来の日本農業を切り開くと言えるのです。

あとがきに代えて

本書を執筆している二〇二〇年夏現在、新型コロナウイルス感染症（COVID－19）による世界的なパンデミックは、今なお収束の見込みが立っていません。

日本農業における被害も発生し、特に高付加価値の野菜、果物、花卉、牛肉、水産物等は、フードサービスにおける流通が主体である場合には、その消費の場を奪われ、生産者に深刻な打撃となっています。

行政や複数の機関において、生産者支援のための取り組みが進められています。令和二年度第二次補正予算が成立したことを受け、農林水産関係では、第一次補正予算を補完し、新型コロナウイルスによる自粛の長期化による環境変化等に対応するため、経営継続補助金二〇〇億円の創設をはじめ、総額六五八億円の支援が実施されています。農林水産関連の支援は、多岐にわたり、経営の維持、農林水産物の販売促進・需要喚起、生産現場での労働力確保等が掲げられています。

本書の執筆を通じて切に願うことは、上記支援等により、日本農業が窮地から脱し、その後、新型コロナウイルスの被害からの学びにより、さらに強くなることです。

一部、海外では新しい動き（New Normal：新しい常態への移行）も見られています。

例えば、欧州委員会（ヨーロッパ）においては、農作物の安全性への注目が高まり、オーガニックや減農薬という栽培方法の需要が高まっています。

米国における生産者と農薬企業、農業組織のやりとりにおいては、非対面の接点の需要が高まっており、これまでよりオンライン・デジタル化が進む兆しがあります。農作物の販売所においても非対面が重視され、ドライブスルー型の直売所も登場しています。

本書で述べた、日本農業への提言が、さらなる飛躍の一助となれば幸いです。

参考文献

【和文】

イカロス出版（2016）「〝農業でサクセス〟を実現するビジネス情報誌」『農業ビジネスマガジン』Vol15
川野茉莉子（2018）「フードテックが生み出すバイオエコノミーの新潮流」東レ経営研究所
全国農業協同組合連合会（2016）「産業競争力会議実行実現点検会合・規制改革会議農業WG合同会合資料」
長崎新聞（2019）「長崎県　農業分野で外国人の派遣会社設立　全国で初めて」二〇一九年二月二〇日
日経BP（2013）『『非資源』で拓くアジア」『日経ビジネス電子版』二〇一三年八月二三日
日経BP（2017）「料理動画のクラシル、圧倒的支持の意外なワケ」『日経ビジネス電子版』二〇一七年八月二四日
日経BP（2017）「対アマゾン、勝機あり」『日経ビジネス電子版』二〇一七年九月八日
日本経済新聞（2017）「テラスマイル、営農支援へAI活用」二〇一七年七月一四日
日本経済新聞（2018）「農林中金群馬で農業法人にコンサルティング」二〇一八年三月一日
日本経済新聞（2019）「水も土もない栽培フィルム　メビオールが新興国開拓」二〇一九年八月一八日
日本農業新聞（2017）「資材価格『見える化』　下旬に比較サイト稼働　農水省『アグミル』」二〇一七年六月一三日
農業協同組合新聞（2018）「化成肥料550銘柄を25銘柄に集約―JA全農」二〇一八年五月三一日
農業協同組合新聞（2018）「JA全農　中四国広域物流センターが稼動」二〇一八年一二月四日
農林水産省（2012）「平成23年度　輸出倍増リード事業のうち 主要輸出国の輸出促進体制調査報告書」
農林水産省（2016）「生産資材価格の引下げに向けて」
農林水産省（2019）「米をめぐる参考資料」
野菜情報（2020）「ゲノム編集食品の動向と高GABAトマトの開発、実用化について」
米沢豊（2018）「農薬を取り巻く情勢」『ながの植物防疫』第346号、二〇一八年九月五日、長野県植物防疫協会

【欧文】

Center for Global Development (2007) "Global Warming and Agriculture: Impact Estimates by Country", William Cline, 2007/09/12

Daniel Aminetzah, Nicolas Denis, Kimberly Henderson, Joshua Katz, and Peter Mannion (2020) "Reducing agriculture emissions through improved farming practices" (https://www.mckinsey.com/industries/agriculture/our-insights/reducing-agriculture-emissions-through-improved-farming-practices)

FAO (2013) Food wastage footprint - Impacts on natural resources

Financial Times (2018) "Cofco looks to reap Brazilian spoils of US-China trade war" 2018/10/21

Financial Times (2019) Start-up that turns insects into animal feed raises $125m, 2019/02/20

Financial Times (2019) Tyson sells stake in Beyond Meat ahead of IPO, 2019/04/24

Financial Times (2019) IFF-DuPont $26bn deal bets on meatless future, 2019/12/16

Financial Times (2019) Have we reached "peak meat"?, 2019/12/26

Finistere Ventures (2018) "Agtech Investment Review", Page 9

IPCC (2015) "Climate Change 2014 Synthesis Report"

OECD-FAO Agricultural Outlook

Office of the Registrar General and Census Commissioner (India) (2014) India Sample Registration System Baseline Survey

Pitch book (2019) PE firm looks to build US pork rinds empire, 2019/03/21

Tech Crunch (2019) Food delivery service Postmates confidentially files to go public, 2019/02/07

Tech Crunch (2019) GrubMarket raises $25M more for its farm-to-table food delivery service, 2019/04/04

The Strand Magazine (1931) "Fifty Years Hence"

【ホームページ】

イオンアグリ創造株式会社 ホームページ

インテグリカルチャー株式会社 ホームページ

株式会社オプティム ホームページ
株式会社小松製作所　ホームページ
株式会社タベルモ ホームページ
株式会社 TSUNAGU ホームページ
株式会社農天気 ホームページ
株式会社ルートレック・ネットワークス ホームページ
JA全農 ホームページ
ソフトバンク株式会社 ホームページ
中古農機情報サイト アルーダホームページ
テラスマイル株式会社 ホームページ
トヨタ自動車株式会社 ホームページ
農林水産省 ホームページ
八面六臂株式会社　ホームページ
PSソリューションズ株式会社 ホームページ
プラネット・テーブル株式会社 ホームページ
メビオール株式会社 ホームページ
リデン株式会社 ホームページ
READYFOR株式会社ホームページ

ADM 社ホームページ
AeroFarms 社ホームページ
Bayer 社ホームページ
BEYOND MEAT 社ホームページ
Cargill 社ホームページ

Clara Foods 社ホームページ
Concentric Agriculture 社ホームページ
CORTEVA agriscience 社ホームページ
droneseed 社ホームページ
DUPONT 社ホームページ
eFarmer 社ホームページ
essento 社ホームページ
EXO 社ホームページ
FARMLAND PARTNERS 社ホームページ
Finless Foods 社ホームページ
FMC Corporation 社ホームページ
FREIGHT FARMS 社ホームページ
GOTHAM GREENS 社ホームページ
iGrow 社ホームページ
Impossible Foods 社ホームページ
KOCH AG & ENERGY SOLUTIONS 社ホームページ
MONSANTO 社ホームページ
Perfect Day 社ホームページ
Plenty Food 社ホームページ
prospera 社ホームページ
RW Agriculture 社ホームページ
Starbacks 社ホームページ
SUGARLOGIX 社ホームページ
syngenta 社ホームページ

Telefónica 社ホームページ
The Climate Corporation 社ホームページ
Tyson Foods 社ホームページ
T&G 社ホームページ
WINFIELD UNITED 社ホームページ
Ynsect 社ホームページ
Zespri ホームページ

【著者略歴】

アンドレ・アンドニアン（André Andonian）

マッキンゼー日本支社長

マッキンゼー・アンド・カンパニー　シニアパートナー

主に自動車、組立産業、先端エレクトロニクス、半導体、航空宇宙および防衛関連分野において、およそ30年にわたり、戦略やオペレーション、組織に関するコンサルティングを世界中の企業に提供。マッキンゼーにおける最高意思決定機関である株主審議会のメンバーを長期にわたって務めるなど、グローバルで多くのチームを指揮している。ウィーン大学大学院修士課程修了（経済・経営科学）、ペンシルベニア大学ウォートン校大学院修士課程修了（経営学）。

川西剛史（かわにし・たけし）

マッキンゼー・アンド・カンパニー　アソシエイトパートナー

農学博士。大学院時代は、東京大学において、植物の病気の診断や、病原菌の生態、病気の発生メカニズム等を専門に研究。マッキンゼー・アンド・カンパニー入社前は、東京電力福島原子力発電所事故調査委員会において、食品汚染や森林汚染等を調査。マッキンゼー入社後は、製造業、素材系、金融業等、幅広い分野を経験。最近では、農業・化学業界において、戦略立案および現場における実行支援、企業の変革における組織設計・人材育成に従事。

山田唯人（やまだ・ゆいと）

マッキンゼー・アンド・カンパニー　パートナー

大学在学中に米国公認会計士を取得。慶應義塾大学経済学部卒業後、マッキンゼー・アンド・カンパニーの東京支社に入社。ロンドン支社を経て、現在サステナビリティ研究グループのアジア・リーダーを務める。主に資源分野（食糧・農業・水・ケミカル分野）の課題に取り組む。日本の農産物の生産性向上・環境技術の新興国参入戦略や、公的セクター、経済成長と Green Growth の両立を目指す特区の設計などをアジアで行う。2011年世界経済フォーラム（ダボス会議）のグローバル・シェーパーズに選出され、2013年1月ならびに2020年1月にスイス・ダボス会議に出席。

マッキンゼーが読み解く
食と農の未来

二〇二〇年八月二十一日　一版一刷
二〇二一年十月二十一日　八刷

著　者――アンドレ・アンドニアン、
川西剛史、山田唯人

発行者――白石　賢
発　行――日経BP
日本経済新聞出版本部
発　売――日経BPマーケティング
〒一〇五－八三〇八
東京都港区虎ノ門四－三－一二
組　版――マーリンクレイン
印刷・製本――三松堂
装丁・造本――竹内雄二

ISBN978-4-532-35835-8
Printed in Japan